KB159430

웰컴 투
사이언스
월드

과학을 보는 눈

웰컴 투 사이언스 월드
−과학이 과학인 이유

2019년 10월 7일 초판 1쇄

지은이 박재용

편 집 김희중
디자인 씨디자인
제 작 영신사

펴낸이 장의덕
펴낸곳 도서출판 개마고원
등 록 1989년 9월 4일 제2-877호
주 소 경기도 고양시 일산동구 호수로 662 삼성라끄빌 1018호
전 화 031-907-1012, 1018
팩 스 031-907-1044
이메일 webmaster@kaema.co.kr

ISBN 978-89-5769-461-9 03400
ⓒ 박재용, 2019. Printed in Korea.

웰컴 투
사이언스
월드

과 학 을 보 는 눈   과학이 과학인 이유

박재용 지음

개마고원

물리학자가 가장 어려워할 질문을 하려면 어떤 질문을 던지면 될까? 초끈이론의 수학에 대한 질문일까? 아니면 양자역학의 표준모형에서의 상수가 그렇게 많은 이유가 무엇인지 물어보면 될까? 나라면 '질량이란 무엇입니까?'나 '시간은 무엇인가요?' 혹은 '에너지란 무엇입니까?'라는 질문을 선택한다. 물리학의 가장 기본이 되는 것이 질량·시간·공간·에너지 같은 개념인데 역으로 가장 답변하기 어려운 개념이기도 하다.

사전이나 전공교재에는 질량이란 '물질이 가지는 고유한 양'이라고 나온다. 동어반복이다. 질량質量이라는 한자가 '물질物質의 양量'에서 질과 양을 따서 만든 것이다. 에너지는 또 어떠한가. 에너지는 '물질이 일을 할 수 있도록 하는 능력'이라고 정의한다. 그러나 일은 다시 '힘을 가해 물질을 움직이는 것'이라 한다. 이 말을 다시 쓰면 한 물질에서 다른 물질로 에너지를 이동시키는 것이다. 일과 에너지는 서로를 규정하며 돌고 돈다. 그러나 우리는 암묵적으로 질량에 대해, 에너지에 대해 안다고 생각하고 물리를 공부한다.

과학도 마찬가지다. 과학이란 말은 '분과학문'의 줄임말로 일본 철학자 니시 아마네가 처음으로 사용한 말이다. 서양의 science에 대응하는 말로 사용했다. 서양의 science는 19세기부터 본격적으로 사용되었다. 그 이전에는 자연철학Natural Philosophy이라고 했다. 철학의 한 분과였다. 애초 학문은 모두 철학에서 시작했고, 그중 가장 먼저 시작된 것이 자연의 원리를 궁구하는 자연철학이었다. 그러나 시기마다 자연철학, 즉 과학의 방법론·규정·범위는 다 제각각 달랐다. 그래서 현재 우리가 생각하는 과학이 무엇인지 한마디로 정의 내릴 순 있지만, 질량의 정의를 안다고 질량을 안다고 할 수 없는 것처럼 과학의 정의를 안다고 과학을 모두 안다고 할 순 없다.

과학을 아는 방법은 그래서 또 귀납적일 수밖에 없다. 어떤 공리公理에서 시작하여 연역하는 방법으로 과학은 알 수 없다. 그래서 과학은 수학이 아니다. 과학에도 공리는 있지만, 그 공리는 귀납적으로 정의된 것이다. 또한 귀납적이므로 공리 자체도 수정될 수 있다. 공간·시간·질량·에너지와 같은 가장 기본적인 개념도 시간이 지남에 따라 그 의미나 정의가 변화된다. 이런 변화의 과정 중 하나가 현대 과학이다. 마치 영화가 쭉 흘러가는데 그중의 한 장면을 스틸 사진으로 만든 것처럼, 과학이 역사를 따라 흘러가는 과정 중 한 장면이 현재 우리가 만나는 과학인 것이다.

하지만 영화의 한 장면이 어떤 의미를 가지는지 알기 위해서는 영화의 스토리를 알아야 하듯, 현대 과학을 이해하기 위해선 그 역사를 이해하는 과정 또한 필요하다. 특히나 16세기에서 19세기에 이르는 시기는 유럽을 중심으로 현대 과학의 여러 가지 방법론이 정립된 시기이다. 고대 그리스 자연철학의 오랜 지배를 전복하고 근대적 과학의 모습을 확립하는 이 시기에 나타난 과학자들과 철학자들의 고민을 살펴보는 것은 그래서 오늘날의 과학을 알아가는 좋은 방법이라 생각한다.

과학자들의 사고방식 그리고 과학적 방법론을 살펴보는 것도 유익한 일이다. 고대 그리스 이래 과학적 방법론은 여러 우여곡절을 겪으며 대부분의 과학자가 동의하는 형태로 구체화되었다. 가설 설정에서부터 결론에 이르는 과정에서 반증 가능성과 재현 가능성, 인과관계 및 상관관계가 어떻게 확보되고 객관성을 인정받게 되는지 아는 것은 과학 연구가 어떻게 수행되고 과학적 권위가 어디서 생기는지에 대한 이해를 도울 것이다.

또한 과학은 홀로 독야청청하지 않는다. 끊임없이 인간 사회의 다양한 영역과 관계를 맺고 상호작용을 주고받는다. 종교·철학·정치·예술 등 다양한 분야와 과학이 맺고 있는 관계의 양상을 살펴보는 것 또한 과학을 아는 한 방법이 될 수 있을 것이다. 과학에 영향을 준 많은 사건과 영역, 사상에 대해선 본문에서 많이 다루지 못했지만 사회에 많은 영향을 준 과학적 사건들에 대해선 대략적으로 살펴보았다.

과학이란 무엇인가에 대해 고민할 시간을 주고 이 책의 출간을 제의해준 개마고원 출판사에 감사한다. 또한 항상 곁에서 격려와 도움을 주는 가족, 특히 아내에게 감사한다.

2019년 10월

저자 씀

차례

들어가며

과학이란
무엇인가

과학이란 귀납적 개념이다

가령 생물이란 무엇인가라고 질문해보자. 철학이나 종교에서 생물의 정의는 선험적이거나 연역적일 수 있겠지만 과학에서는 그렇지 않다. 지금껏 우리가 봐왔던 지구 생명체의 공통점과, 그들을 무생물과 구분하는 기준들을 중심으로 생명이란 개념이 정리된다. 나무, 풀, 새, 포유류, 세균, 물고기 등 우리가 살아 있다고 여기는 다양한 생명체들이 바위, 구름, 돌, 공기, 바람, 벼락과 같은 무생물과 다른 공통점을 찾아보고, 그 공통점 사이의 연관성과 인과를 추적한 끝에 생물을 정의한다.

그래서 과학에서 생명의 정의는 다음과 같다. 세포로 이루어져 있고, 물질대사를 하며, 종족 유지를 위해 자신과 닮은 자손을 남기는 개체를 생물이라고 한다. 세포로 이루어져 있다는 것은 지금껏 보아온 모든 생물의 공통점이다. 세포는 동시에 각생물들이 생명활동을 하는 기본 단위이다. 이 세포 내에서 다양한 효소를 이용한 물질대사를 통해 생장과 분열, 번식 등 생명체 고유의 다양한 활동을 하는 에너지와 물질을 생산한다. 또한 유전자를 통해 자신을 닮은 새로운 개체를 만드는데, 그러나 새로운 개체가 이전 개체와 100% 일치하지 않으며, 이런 불일치를 통해 진화하는 모습이 지금껏 우리가 관찰했던 모든 생명들의 공통점이다. 이것이 과학이 바라보는 생물이다. 이러한 생물의 개념은 선험적으로 주어지지도, 논리적으로 연역한 것도 아닌, 여러 종류의 생명체들을 귀납적으로 분석하면서 확인한 것이다.

그러다보면 당연히 어중간한 놈들이 생물과 무생물의 경계에서 우리를 괴롭힌다. 바이러스가 대표적이다. 바이러스는 세포로 이루어져 있지 않다. 그리고 물질대사를 거의 하지 않는다. 이런 점에서 바이러스는 생명이라 볼 수 없다. 하지만 유전자를 가지고 있으며, 자신을 닮은 새로운 개체를 만들고, 그 개체가 진화한다는 측면에서는 생명체로서의 특징을 가지고 있다. 생물학에서는 바이러스를, 본디 조상은 생명체였으나 그 일부가 자기 복제적 성질을 가진 존재로 진화하는 과정에서 생명의 특질을 일부 상실한 채 생물과 무생물의 경계에 있는 존재라고 생각한다.

자기 복제는 생명체의 가장 큰 특징이지만 생물와 무생물을 나누는 기준은 아니다. 광우병의 원인 물질인 프리온prion을 보자. 프리온은 단백질로서 자기 복제를 하지만 그 외 어떠한 생명으로서의 특성도 가지고 있지 못하기 때문에 생명체로 치지 않는다. 자기 복제의 방식 또한 중요하기 때문이다. 지구상의 모든 생명은 DNA로 이루어진 유전자를 가지고 있으며, 이를 중심으로 자기 복제를 한다. 그리고 이 과정에서 요구되는 다양한 화학반응을 매개하는 효소를 가지고 있다. 이런 점이 우리가 이해하는 생명의 특질인 것이다.

물론 생명의 정의는 귀납적이기 때문에 앞으로 얼마든지 변할 수 있다. 가령 우주 탐험을 통해 기존의 정의에 어긋난, 그러나 생명이라고 판단할 수밖에 없는 외계 생명체들을 만난다면 이 정의는 다시 바뀔 것이다. 또한 인공지능이 스스로 생각하며 자기 복제를 해낸다면 그 또한 생명으로 보아야 할 것인지에 대해 새롭게 논의가 일어날 것이다. 그러나 그렇다고 이전의 생명에 대한 정의가 완전히 무시되는 것은 아니다. 생명에 대한 기존의 정의를 기본으로 그 외연이 확장되며, 그 개념적 깊이가 깊어지는 것이다. 다시 거론하겠지만 귀납적 정의는 반증이 나타난다고 전체가 무너지는 경우는 거의 없다. 외려 반증을 통해 그 깊이가 깊어지는 것이 일반적이다.

과학도 마찬가지다. 과학이 무엇이라고 누군가 정의를 내렸다면 그 정의는 연역적 추론에 의해서 생겨났다기보다는 현재의 과학 활동에 대한 구체적 분석을 통해 만들어진 것이다. 실제 과학자들이 어떤 활동을 하고 있고, 무슨 목적을 가지고 있으며, 체계는 어떻게 잡아가는지 등을 하나하나 살펴보면서 각각의 활동에서 공통점을 뽑아내고, 그 공통점 사이의 인과관계와 상관관계를 파악한 다음 "과학이란 이런 거야"라고 이야기하는 것이다.

그렇다면 과학이란 무엇인가?

과학의 정의는 사람에 따라 다르다. 하지만 앞서 확인한 것처럼 과학은 귀납적이다. 즉 경험과학이다. 이 점에서 선험적 학문인 수학이나 형식논리학과 다르다. 수학은 정의를 내리고 정의에 따른 공리를 파악하고 그에 기초한 사유를 통해 전개된다. 수학의 증명은 논리적 귀결로써 결론이 나며, 현실 속에서 검증할 것을 요구하지 않는다. 하지만 과학은 이론에 의한 예측이 현실 속에서 검증될 것을 요구한다. 그러나 귀납적이라는 것만 가지고 과학이라고 할 순 없다. 귀납적으로 파악되었더라도 파편적 지식을 과학이라고 하진 않는다. 개개의 경험을 관통하는 보편성을 파악하고 이를 체계화한 것이 과학이다.

체계화된 보편성이라 할 때 대표적인 것으로 뉴턴의 만유인력의 법칙을 떠올릴 수 있다. 지구에서 사과가 떨어지는 것, 달이 지구 주위를 도는 것, 지구가 태양 주위를 도는 것 모두 만유인력의 법칙으로 파악이 된다. 이때 만유인력의 법칙은 보편성을 띤다. 물론 이렇게 우주 전체의 보편성을 획득한 것만을 과학이라고 하진 않는다. 일정한 조건 아래에서 보편성을 띠는 경우도 있다. 예를 들어 기후학은 지구의 대기라는 조건 아래에서 보편성을 획득한다. 기압과 온도 그리고 습도 등의 여러 조건이 정해지면 그에 따라 대기가 어떻게 운동하는지에 대해 파악할 수 있게 해주는 체계적인 보편성을 가진다. 생물학은 지구상의 생물 전체에 대해 보편성을 가지지만 곤충학은 동물 중에서도 절지동물, 그중에서도 곤충에 한정된 보편성을 가진다.

그리고 과학은 당연하게도 현상과 사물의 원리를 우주 안에서 찾는다. '신의 의지'에 기대지 않는다. 과학은 우주가 내적 원리를 가지고 있으며, 귀납적 관찰을 통해 인간이 그 내적 원리를 파악할 수 있다는 전제 아래 성립한다. 별들의 운행은 만유인력에 의한 것이고, 전류의 흐름은 전자기력에 의한 것이며, 지구상 생물의 다양성은 진화에 의한 것이라는 주장은 사물이 일정한 원리를 따라 움직인다는 전제 아래 가능하다. 어느 날 화가 난 토르가 망치를 내려치면 벼락이 떨어지는 아스가르드에선 과학이란 없다. 물론 한마디의 언명으로 세상을 창조하는 「창세기」에도 과학은 없다. 과학은 우주의 일을 우주 내에서 설명한다. 지구의 일은 지구 내에서 설명한다. 결국 과학은 자연현상의 내적 원리를 파악하는 것이다. 그래서 자연 자체에 집중한다. 사물의 구조와 성질 등을 가능한 방법을 통해 관찰하고, 실험하여 그 결과를 연역하는 과정에서 얻어진 지식의 체계가 과학이다. 따라서 과학은 사물 사이의 다양한 현상에는 그 이유가 되는 내적 원리가 있다는 것을 전제로 이를 파악하고자 하는 행위이며 그 결과이다.

그래서 과학은 사물과 현상을 관찰하고 실험하여 일정한 자료를 모으고 이를 연역적으로 확장하여 사물 뒤에 숨은 원리를 찾는 행위다.

과학의 성립

역사적으로 과학의 시작을 고대 그리스로 잡는 데 많은 전문가가 동의한다. 여기서 '많은'이란 표현을 쓰는 건 당연히 그렇지 않은 이들이 있기 때문이고, 이들이 동의하지 않는 건 과학이란 무엇이냐에 대한 의견이 달라서이다. 어찌되었건 고대 그리스에서 과학이 시작될 때 그것의 이름은 과학science이 아니라 자연철학natural philosophy이었다. 그 후로 거의 2000년이 지난 뒤의 뉴턴조차 자신을 과학자가 아닌 자연철학자라 했다. 과학이라는 단어가 본격적으로 쓰인 것은 18세기 말에서 19세기 초에 이르는 시기였다.

과학이란 말이 먼저냐 물리학physics이란 용어가 먼저냐에 대해 논란이 있을 수 있으나, 굳이 선택하라면 물리학의 손을 들어주고 싶다. 2000년도 더 전에 아리스토텔레스가 만물의 원리를 밝히는 책 이름을 버젓이 『물리physics』라고 지었으니 말이다. 물론 아리스토텔레스 당시의 물리는 지금의 물리와는 꽤나 거리가 멀다. 물리학은 뉴턴에 이를 때까지 역학力學, dynamics*이란 말과 거의 동의어였다. 중력과 물체의 운동에 대한 서술과 예측이 거의 전부였다. 그 후 과학자들의 노력에 의해 물리학의 영역이 넓혀졌다. 전자기학·광학·통계역학·파동 등이 물리학에 포함되었다.

가장 오래된 과학의 한 분야는 천문학이다. 천문학은 인류

● **역학**
물리학의 한 분야로 외부의 힘이 작용하는 물체의 운동 상태를 설명하고 예측하는 자연과학.

의 문명과 동시에 시작되었다고 해도 과언이 아니다. 그러나 천문학이 종교와 분리되고 신화와 결별을 선언한 채 우주 내부의 논리로 설명되기 시작한 것은 역시 고대 그리스가 시작이다. 피타고라스·플라톤·아리스토텔레스에 이르는 자연철학자들이 이론적 토대를 만들었고 아리스타르코스●·히파르코스●●·프톨레마이오스에 이르는 천문학자들이 관측과 수학적 계산을 통해 치밀한 체계를 세웠다. 중세에서 르네상스에 이르기까지 대학에서 인정받았던 학문은 천문학뿐이었다. 물리학은 철학의 한 분야인 자연철학의 영역이었다. 그러다 과학혁명에 이르러 역학은 하나의 정교한 수학적 체계를 가진 학문 분야가 되었다. 비슷한 시기에 광학과 파동학이 생겨나고 이들이 한데 묶여 물리학이 되었다. 17세기의 일이다.

그리고 18세기에 연금술alchemy●●●을 그 기원으로 하는 학문이 아랍어 정관사에서 유래된 al을 떼어내고 화학chemistry이라는 학문 분야가 되었다. 원자론이 일반화되며 정량분석이 시도되고, 화학의 여러 기본 이론이 형성된다. 그 많은 부분은 라부아지에의 공로였다. 라부아지에는 화학이라는 학문의 성립에서 꼭 기억해야 할 이름이다. 그리고 뒤이어 19세기 생물학이 탄생한다. 생물학·지질학·지리학 등이 혼재되어 존재하던 박물학이라는 분야에서 독립한다. 동물학·식물학·분류학·생리학이 발전을 거듭하고 세포가 발견되면서 하나의 분과학문으로 통일된 결과이다. 생물학biology란 용어 자체가 19세기 라마르크에 의해 처음 사용되었다. 이렇게 물리학·화학·생물학이 독자적인 학문 분야로 정립된 것은 19세기에 이르러서였다. 그리고 뒤이어 지질학·기후학·해양학 등 다양한 분야들이 발전하면서 각기 독자적인 학문 분야로 성립하게 되었다.

서양 이외의 지역에서 과학이 없었던 것은 아니다. 기술적 수준만 놓고 본다면 17세기 이전 서양은 중국이나 기타 지역에 비해 별반 나을 것도 없었다. 과학의 언어라 일컫는 수학도 16세기까지만 놓고 본다면 서양이 여타 지역과 큰 차이를 보이지 않는다. 그러나 17세기 이후 과학의 발전은 서양이 주도했다. 서양의 과학이 비약적으로 발전하던 17~18세기를 흔히 과학혁명의 시기라 부른다. 그러나 19세기와 20세기를 돌아보면 과학혁명 시기보다 오히려 더 빠른 변화의 속도를 체감하게 된다. 과학지식의 축적은 지수함수적으로 증가했고, 기술과 결합한 과학의 이론적 축적도 눈부셨다. 21세기 들어서도 과학의 발전 속도는 여전히 빠르다. 우리가 미처 깨닫기도 전에 과학이 먼저 앞서고 있는 형국이다. 이제 과학과 공학은 전통적 개념만 가지고 분류하기 힘들 정도로 가까워졌고, 여타의 학문 분야를 잠식하는 모습조차 보인다.

과학은 변화한다

대학의 단과대는 비슷한 학문 분야별로 몇 개의 과를 묶어 만들어진다. 규모가 큰 대학의 경우 인문대, 사회대, 자연대, 공대, 예술대 등으로 나누는 것이 일반적이었다. 자연대와 공대는 각자가 배우는 것이 과학과 공학으로 다르다는 생각으로 구분된 단과대다. 현재도 많은 대학에서 자연대와 공대가 나뉘어 있는데 그 구분의 의미 자체는 과거에 비해 많이 퇴색되었다.

르네상스와 과학혁명 시기를 두고 공학과 과학은 서로 아예 다른 조상을 둔 별개의 집단이었다. 자연철학의 계보를 잇는 과학자 집단은 중세에서 르네상스 시기를 지나 줄곧 대학에 그 근거를 두고 있었고, 길드를 중심으로 모였던 기술자 집단과는 서로 별다른 교류가 없었다. 과학혁명 시기에 두 집단은 서로에게 영향을 주었으나, 여전히 별개의 집단으로 존재하면서 그저 '영향'만을 주고받을 뿐이었다. 그러나 20세기 들어서 둘은 대학에서, 연구소에서, 기업에서 결합하면서 점차 둘 사이의 구분을 지웠다. 지금 기계공학계열의 학위를 취득하고 대학에서 강의나 연구를 하는 이를 두고 '이학자'냐 '공학자'냐 논쟁을 하진 않는다. 소립자물리와 같은 영역의 '순수과학' 분야도 존재하지만, 많은 연구와 연구자들이 '순수'과학과 '응용'과학 그리고 '공학'에 자신의 존재 근거를 나눠 담아두고 있다. 어떤 일이 있었던 것일까?

20세기 이후 과학 자체가 세분화되면서 전문 학문 분야는 더욱 좁아졌고, 또 두 가지 이상의 영역에 걸쳐 있는 새로운 학문 분야도 늘어나고 있다. 가령 생물학이라는 학문을 하는 과학자는 없다. 19세기에는 생물학 전체를 자신의 연구 분야라고 생각하는 이가 있었을지 모르지만 현재는 그렇지 않다. 진화학, 유전학, 계통발생학, 분자생물학, 면역학, 곤충학, 생리학 등 생물학 내에서도 아주 다양한 분야가 있어 대부분의 과학자들은 자신을 '생물학자'라 부르기보다는 대개는 '면역학자' '곤충학자' 같은 식으로 칭한다. 하지만 다시 과학자 개인에게 초점을 맞춰보면 '면역학' 전반, '곤충학' 전반을 다루는 경우보다는 더 좁은 범위를 다루는 일이 다반사다. 곤충 중에서도 벼멸구만 다룬다거나 꿀벌의 생태만 다룬다든가 하는 식이다.

이런 세분화는 다시 여러 영역에 걸쳐져 있는 학문 분야도 만든다. 고생물학은 화석을 통해 지금은 사라진 생물을 다루는 학문인데, 이 경우 지질학 지식과 생물학 지식을 공히 갖추어야 한다. 지층이 언제 형성되었는지, 지층이 형성될 때의 기후환경은 어떠했는지 등에 대한 지질학 지식은 고생물학에서는 필수다. 화석의 생물이 어떤 환경에서 살았는지, 언젯적 생물인지를 알아야 하기 때문이다. 생물학 지식 또한 당연히 필수적이다. 해부학 지식을 통해 발굴된 뼈가 어느 부위인지, 일부의 뼈만 가지고 이 동물이 사족보행을 하는지 아니면 다른 형태의 보행을 하는지, 육식인지 채식인지, 덩치는 얼마나 컸는지 등을 알수 있어야 한다.

또한 이전에는 과학의 영역이 아니라 여겨졌던 분야도 과학의 영역으로 들어왔다. 사회학은 그 시작은 과학이 아니었지만

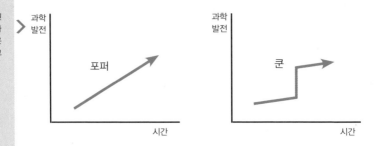

칼 포퍼는 과학이 점진적·연속적으로 발전한다고 본 반면, 토머스 쿤은 단속적으로 발전한다고 봤다.

지금은 많은 부분이 과학의 영역으로 들어왔다. 심리학은 이제 뇌과학과 밀접한 관계를 맺고 있으며, 그 자체로도 과학적 방법론을 무기로 연구가 진행중이다. 프로이트의 정신분석은 과학의 영역이 아니었지만 현재의 실험심리학은 엄연히 과학의 한 분야인 것이다.

과학적 방법론 또한 시대에 따라 바뀐다. 아리스토텔레스를 중심으로 한 고대 그리스의 방법론과 과학혁명 시기의 방법론은 확연히 달랐다. 물론 과학을 바라보는 시각 또한 달라진다. 칼 포퍼와 토머스 쿤의 논쟁이 대표적이다. 칼 포퍼는 전통적 입장에서 과학이 여러 사람의 노력에 의해 점진적으로 발달했다고 봤다면, 토머스 쿤은 과학의 발전이 단속적이라고 봤다.

거기에다 과학적 진실에 대한 논쟁은 현재도 진행중에 있다. 어떤 이는 이 우주를 유지하는 근원적 진리가 있다고 주장하고, 다른 이들은 그런 진리가 존재하는지 그렇지 않은지를 우리가 알 수 없으니 그런 진리가 있다 한들 우리와는 무관하다고 주장한다.

이처럼 과학은 확정된 개념 혹은 정해진 영역, 정해진 방법론을 가지고 있지 않다. 과학이라는 개념도, 범위도, 방법도, 끊임없이 변한다. 다만 우리는 현재 시점에서의 과학을 각자의 눈으로 볼 뿐이다. 물론 이런 주관적 시각은 일정한 공통점을 가지고 묶인다. 파란색이라고 할 때 어떤 이는 남색까지 포함하고 다른 이는 남색은 아니라고 하더라도 둘 사이에 파란색의 범위가 아주 다르지는 않고 그 경계만 조금씩 다르듯이, 과학 또한 각자의 주관이 가지는 스펙트럼은 조금씩 달라도 서로 공유하는 부분이 훼손될 만큼의 커다란 차이는 아니다. 하지만 역사적으로 본다면 이런 스펙트럼의 변화가 작지만 꾸준히 진행되어 현재의 우리와 19세기의 과학자가 보는 과학은 분명히 다를 것이다. 따라서 과학은 역사적으로, 또 귀납적으로 이해되어야 한다.

이 책의 구성에 대해

'1장 과학 지식이 갖춰야 할 조건'은 제목이 말해주는 것처럼 특정 지식이 과학적으로 인정받으려면 어떠한 조건을 충족시켜야 하는지에 대한 내용이다. 물론 본문에서도 서술하지만 모든 과학 지식이 이 조건들을 완벽하게 다 갖추는 것은 아니다. 그러나 분명한 과학 지식은 이런 조건들을 일정 수준 이상으로 만족시키고 있다. 이는 과학과 유사과학*을 나누는 기준이기도

● 유사과학
실제 과학적 방법론에 의한 연구나 증명에 의해 입증되지 않았지만 마치 과학적인 것처럼 퍼지는 이론이나 주장을 말한다. 대중들에게 과학 연구의 산물로 이해되기에 비과학적 이론과 구별되며, 대부분의 경우 누군가가 자신의 목적을 위해 의도적으로 퍼트린다. 제국주의가 자신의 이론적 근거로 인종이라는 개념을 퍼트린 것이나 종교적 신념으로 진화론을 부정하는 창조과학 등이 해당된다.

하다. 또한 이어지는 2장에서 소개하는 과학적 방법론을 통해 발전해온 역사적 성과이기도 하다. 1장에서는 현대적 과학 지식이 갖추어야 할 덕목을 서술하고, 이어지는 2장은 그 방법론이 역사적으로 어떻게 형성되었는가를 살펴본다.

'2장 과학적 방법론의 역사'는 서양 과학사에서 근대적 과학 방법론이 어떻게 형성되었는지를 중요한 과학자들의 사례를 중심으로 살펴보고자 했다. 주로 물리학과 천문학 그리고 과학 철학과 관련된 이들이 등장한다. 이외에도 생리학의 하비라든가 생물분류학의 린네, 진화론의 다윈이나 원자론의 보일과 화학의 라부아지에 등도 다루고 싶었으나 지면의 한계가 있었다. 그러나 과학혁명을 이끈 주요 분야가 물리학과 천문학이었던 것 또한 사실이다. 따라서 과학적 방법론의 역사에서 천문학과 물리학이 주요하게 다뤄질 수밖에 없음도 이해해주시리라 믿는다. 부언하자면, 천문학과 물리학의 역사는 거칠게 보면 아리스토텔레스적 세계관이 근대 과학의 세계관으로 바뀌는 역사이기도 하다. 따라서 아리스토텔레스와 그를 전복하려는 과학자들 사이의 쟁점을 주로 다루었다.

'3장 과학한다는 것'은 두 가지 이야기를 하고자 했다. 전체적인 주제는 과학의 '한계'에 대한 이야기다. 과학의 한계는 과학 자체가 가진 속성에서 주어지는 것과, 개별 과학자들과 과학자 사회에 의해 생기는 두 가지 영역이 있다. 3장 앞부분의 세 가지는 과학 자체가 가진 속성에서 생기는 한계에 대한 서술이고, 뒤의 세 가지는 과학자 개인 혹은 과학자 사회가 부딪치는 한계에 대한 이야기다. 현대 세계에서 과학은 일정한 권위를 확보하고 있다. 그 권위에 기대는 유사과학이 횡행한다는 것이 그 반증이기도 하다. 과학 자체가 가지는 한계를 직시할 때 우리는 권위가 아닌 실체를 볼 수 있다.

'4장 과학이론이 변화시킨 생각의 지평'은 16세기 과학혁명 이후 일련의 중요한 과학적 발견들이 과학 외적 분야에 미친 영향들을 살펴보고자 배치된 장이다. 이 장의 내용을 통해 근대 사회의 여러 다양한 사상조류들이 과학의 발전과 얼마나 민감한 관계를 유지해왔는지를 살펴보고자 한다. 물론 여기에서 과학이 확장시킨 사상의 지평을 모두 살펴볼 수는 없는 노릇이다. 취사선택의 과정에서 글쓴이의 주관적 판단이 들어갔음은 어쩔 수 없는 일이다.

'5장 과학과 그 경계'에서는 현대 사회에서 과학이 타 분야와 맺고 있는 관계에서 발생하는 쟁점들 중 중요하다고 생각되는 지점들에 대해 서술했다. 종교·기업·기술·사회과학 등 제반 분야에 대해 다소 병렬적으로 서술되었지만, 현재의 쟁점들을 살펴보는 것이 과학에 대한 이해에 일정한 도움이 될 것으로 판단했다. 쟁점이란 아직 해결되지 않은 부분이다. 그러나 해결되지 않았다고 하더라도 그에 대한 과학의 입장은 존재한다. 과학이 아닌 타 분야에서 내리는 판단과 과학의 판단이 부딪칠 때 과학은 다른 분야와의 차별성을 보여준다고 생각했다.

이 모든 과정은 결국 과학이 무엇인지 더듬어보는 과정이다. 그러나 이 책은 '과학이란 무엇인가'라는 질문에 대해 답을 내리는 책은 아니다. '과학이란 무엇인가'라는 질문을 보다 넓고 깊게 만들고 싶을 뿐이다.

1장

과학 지식이
갖춰야 할 조건

반증 가능성: 깊은 산 속 약수의 효능

 과학적인 주장과 과학적이지 않은 주장은 어떻게 구분될까? 정보 또는 지식이 어떤 요건을 갖추었을 때 과학으로 인정받는 걸까? 여러 가지가 있지만, 가장 먼저 꼽을 수 있는 것은 '반증 가능성'이다.

 과학자들은 보통 자신의 연구 결과를 논문의 형태로 세상에 내놓는다. 이 논문을 가장 먼저 접하는 이들은 같은 분야를 연구하는 동료 과학자들인데, 그들이 논문을 평가할 때 가장 먼저 보는 것도 반증 가능성이다. 그렇다면 반증 가능성이란 무엇일까? 이 개념의 핵심은 어떤 주장이 맞는지 아니면 틀렸는지를 확인할 수 있느냐는 것이다. 옛이야기로 예를 들어보겠다.

 어느 마을에 홀어머니를 모시고 사는 아들과 며느리가 있었다. 소작농이었지만 열심히 농사를 지었고, 가난하지만 어머니와 아들 내외는 행복하게 살았다. 하지만 하나 걱정이 있었으니 어머니 신경통이 점점 심해지는 것. 나이가 들수록 몸이 힘들어지는 것이야 당연하지만 아들 내외의 바람은 조금 더 건강하게 사셨으면 하는 것이었다.

그러던 어느 날 이웃 마을 한 노인이 신기한 약수를 마시고 신경통이 나았다는 이야기를 들었다. 노인에게 물어 그 약수가 있는 곳을 알아내곤 길을 떠난 아들. 마을에서 삼박사일은 걸리는 길을 불원천리 가서는 약수터에 도착했다.

약수터의 주인, 2리터짜리 생수통에 물을 담아주고는 100만 원을 내라 한다. 가난한 아들에겐 큰 부담이었지만 어머니만 나을 수 있다면 그 정도야 하는 마음으로 아들은 100만 원을 내고 약수를 산다. 약수터 주인은 생수와 함께 이렇게 말을 건넨다. "이 약수는 꼭 낫는다는 믿음을 가지고 마셔야 합니다. 믿지 못하면 낫지도 않습니다."

다시 집에 돌아간 아들은 생수통에 든 약수를 매일 아침저녁으로 한 컵씩 어머니께 드린다. 어머니도 이웃 마을 노인의 이야기를 듣고는 철석같이 믿고 마신다. 그러나 2리터짜리 생수를 다 마시도록 어머니의 신경통은 차도가 전혀 없었다. 아들은 화가 났다. 적은 돈도 아니고 100만 원이나 하는 물이었으니까.

아들이 다시 약수터로 가선 주인에게 항의한다. "당신 물을 마셨는데 전혀 차도가 없소. 이 물은 엉터리가 아니오?" 주인은 아주 당당한 표정으로 말한다. "당신 어머니가 믿음이 부족해서 그런 것이오. 내 말했잖소. 믿지 못하면 낫지 않는다고." 아들이 다시 말한다. "어머니가 얼마나 철석같이 믿었는데 그러시오. 어머니는 이 물 한 잔만 마시면 당장 나을 거라 생각하며 마시었소." 주인이 다시 말한다. "당신이 어떻게 확신하시오? 당신 어머니 마음속에 아주 조금이나마 불신의 그림자가 있었다면 절대로 나을 수가 없소!"

이 주인의 말에 대해 아들은 반박을 하지 못한다. 자신은 어머니가 나을 것이라는 믿음을 가졌다고 믿지만, 어머니의 마음 한 구석에 불신이 도사리고 있었는지 아니면 없었는지 그걸 확인할 방법이 없었기 때문.

바로 이것이 과학이냐 아니냐가 갈리는 지점의 하나이다. 반증 가능성falsifiability. 과학자가 어떤 현상에 대해 가설을 제시한다. 그런데 이 가설이 '맞다'고 증명할 수 없을뿐더러 '틀리다'는 걸 증명할 수도 없을 때 우리는 이 가설이 '반증 불가능'하며, 따라서 '과학적이지 않다'고 말한다.

그럼 어떤 것이 반증 불가능할까? 먼저 이런 명제는 어떤가. '모든 삼각형은 변이 세 개다.' 이 명제는 반증이 불가능하다. 왜냐하면 삼각형이란 변이 세 개인 평면 도형이라는 것이 '정의 definition'이기 때문이다. 정의란 우리끼리의 약속이다. 즉 '변이 세 개인 도형의 변은 세 개다'라는 명제이니 이는 동어반복인 셈.

이런 주장은 뭔가 새로운 것도, 지식을 넓혀주는 것도 아니다. 어떤 현상이나 사물에 대한 새로운 사실을 알려주는 것이 아니니 틀렸다고 할 수 없지만, 과학적 의미도 가지지 못한다.

또 이런 명제는 어떤가. '달은 행성이거나 행성이 아니다.' 달은 행성이 아니라 위성이지만 이 명제는 그래도 틀리지 않았다. 'A는 B이거나 B가 아니다'라는 식의 명제는 언제나 맞지만 우리에게 새로운 어떤 것도 알려주지 않는다. 따라서 이런 가설은 항상 틀리지 않지만 과학의 세계에 어떠한 도움도 주지 못한다.

이런 식의 가설이 있느냐고? 과학의 세계에는 알고 보면 이런 식으로 주장하는 경우가 가끔씩 나타난다. 가령 'A는 B이거나 C이지 D는 아니다'라는 가설이 있다. 언뜻 보았을 땐 이 가설이 맞으면 'A는 D'라는 선택지 하나가 사라진 것이니 사실에 조금 더 접근했다고 볼 수 있다. 그런데 알고 봤더니 A가 가질 수 있는 가능성은 애초에 B와 C 둘 뿐이고, D는 not A라면 어떻게 될까? 저 명제는 이제 이렇게 바뀐다. 'A는 B이거나 C이지 not A는 아니다.' 'not A가 아니다'는 'A이다'와 동일한 의미가 되니 실제 명제의 뜻은 'A는 A이면서 B이거나 C이다'와 동일하다. 어디 그런 게 있냐고? 있다. '실수인 A는 유리수이거나 무리수이지 허수는 아니다'라는 명제를 살펴보자. 허수는 애초에 실수가 아닌 수를 가리키는 것이니(실제로는 조금 더 복잡하지만 여기선 넘어가자) 저 명제는 '실수인 A는 실수이면서 유리수이거나 무리수이다'가 된다. 원래 실수의 정의가 유리수와 무리수를 합

31 1장
과학 지식이 갖춰야 할 조건

한 개념이니, 저 말은 전의 명제와 동일하게 동어반복이 된다.

이런 유형의 명제는 또 어떨까? 누군가 '유니콘은 800만 년 전에 나타나 600만 년 전까지 몇백 마리 정도가 살다가 멸종했다'고 이야기한다면 어떤가. 아주 적은 숫자만 살았기 때문에 생태계에 영향을 끼치지 못했고, 죽고 나서 화석도 남기지 못했다고 한다면 이를 반증할 수 있을까? 타임머신을 타고 그때로 돌아가서 확인하기 전에는 누구도 반증을 할 수 없다. 생태계에 영향을 주었고, 다른 종으로 변이해서 그 후손이나 화석이 남았다는 주장이라면 반증 가능성이 있겠지만 지구 생태계에 영향도 미치지 못하고, 물적 증거도 남기지 못했다는 주장이니 '있었다'고 이야기해봤자 소용이 없다.

비슷한 예로 이런 주장도 있을 수 있다. '인간은 영혼을 가지고 있는데 이 영혼은 물질이나 에너지가 아니라서 어떠한 측정 장비로도 측정할 수 없다.' 물론 인간이 영혼을 가지고 있다고 '믿는 것'에 대해선 불만을 가질 수 없지만, 이런 주장이 과학 논문으로 나온다면 어떤 과학자도 이 논문에 동의하지 않을 것이다. 왜냐면 측정 불가능하기 때문에 확인도 불가능하기 때문이다. 영혼이 있다고 할 수도, 없다고 할 수도 없는 것이다. 물론 의미가 없다는 것은 아니다. 철학이나 종교는 이런 명제에도 의미를 부여할 수 있을 것이고, 우리의 일상에도 이런 믿음이나 신념 또는 논리는 곳곳에서 발견된다. 그러나 '과학적 진실'은 아니다.

중성자별 충돌로 중력파 발생 첫 확인

국내 연구진 38명 포함
3500억 원소 생성 비밀 '열쇠'
전자기파와 동시검출 성공
'다중신호 천문학' 새 영역 열려

한국천문연구원과 남미초거대광학망원경 구축에 운영 중인 외계행성탐색시스템(KMTNet) 관측소(오른쪽)가 지난 8월 중력파 발생 25시간 만에 촬영한 천체(GW170817)의 사진 속 화면 11번 밝은 점이 천체(GW170817 천체)이 일어난 부분. NGC 4993 은하로, 지구에서 약 약 1억3,000만광년 떨어져 있다.
한국천문연구원 제공

중력파는 중력의 변화로 생기는 시공간의 요동이다. 공이 천 위로 구를 때 천이 진동하는 것처럼 말이다. 질량을 가진 천체가 움직일 때는 중력파가 퍼져 나간다. 천체의 질량이 클수록, 그리고 움직임이 클수록 중력파도 커진다. 그럼에도 중력파는 감지하기가 매우 힘들어서, 중성자 별의 충돌처럼 시공간에 강한 충격을 주는 현상 정도나 검출이 겨우 가능하다.(한국일보, 2017년 10월 17일)

어떤 주장이든 그로 인한 어떤 현상이 관측 가능해서 틀렸는지 맞았는지 판가름할 수 있을 때 비로소 '과학적'이 된다. 프랑스의 화학자 라부아지에는 연소란 물질이 빛과 열을 내며 급격히 산소와 결합하는 것이라 주장했다. 이 주장은 연소 과정에서 공기 중 산소 비율이 줄어들었는지를 확인하고 연소 생성물이 산화물인지를 파악하면 검증 가능하다. 영국의 과학자 뉴턴은 중력이 질량을 가진 물체 사이에서 작용하는 데는 시간이 걸리지 않는다고 생각했다. 그래서 만약 태양이 사라진다면 지구를 비롯한 행성들은 바로 궤도를 이탈할 것이라고 했다. 이는 오랜 시간이 지나, 중력파를 검출하게 되면서 틀렸음이 확인된다. 중력파는 중력의 발생을 보여주는 흔적이라 할 수 있는데 관측 결과 중력파는 빛의 속도로 전달되었다. 즉 중력이 작용하는 데도 시간이 걸리는 것이다. 아인슈타인도 일반상대성이론을 발표하면서 자신의 이론이 틀렸다면 천문 관측으로써 확인될 것이라 했다. 물론 관측 결과 틀리지 않았음이 밝혀졌다.

만약 전세계를 다 뒤져도 흰까마귀가 발견되지 않는다면? 그래도 "모든 까마귀는 까맣다"라는 명제는 반증 가능한 명제다. 언젠가 흰까마귀가 나타나면 반증되기 때문이다. 중요한 건 반증의 가능성이지, 실제 반증 여부가 아니다.

반증 가능성에는 또 다른 의미도 있다. 반증 가능성과 관련하여 자주 등장하는 예가 있다. '모든 까마귀는 까맣다.' 자, 이 명제는 반증 가능한가? 가능하다! 세상의 까마귀를 다 찾아봐서 하나라도 까만색이 아닌 까마귀를 발견하면 저 명제는 틀린 것이 된다. 하지만 틀렸다는 것으로 끝나진 않는다. 까만색이 아닌 까마귀의 출현을 세어 보았더니 대략 1000마리 가운데 1마리 정도라는 것을 파악했다. 이제 명제는 수정된다. '대부분의 까마귀는 까맣지만 그렇지 않은 까마귀가 0.1% 존재한다'가 된다. 이제 이 명제는 앞서의 '모든 까마귀는 까맣다'를 극복하면서 좀 더 진실에 가까워진다. 그리고 새로운 질문을 던져준다. 왜 대부분의 까마귀는 까맣지만 0.1%의 까마귀는 까만색이 아닐까? 까마귀의 깃털 색깔은 유전에 의해 결정되는데 일부 유전인자에 변이가 생기면 까만색이 아닌 회색이나 흰색의 깃털이 나게 된다. 그런데 이 변이가 일어날 확률이 0.1%라는 것이 밝혀진다.(실제 변이의 확률이 아니라 예일 뿐이다.) 이런 식으로 반증된 사실에 대해 답을 하면서 우리는 실체적 진실에 더욱 다가갈 수 있게 된다.

처음 체계적인 의학이론을 만든 고대 그리스의 갈레노스Galenos
는 인체에 대해 이야기할 때 4체액설을 주장했다. 혈액·점액·
황담즙·흑담즙의 네 가지 체액이 균형을 이룰 때 사람이 건강
을 유지할 수 있다고 주장했다. 또한 인체에는 세 가지 계통이
있는데 영양 공급과 생장을 담당하는 자연기운, 생명의 에너지
를 주는 생명기운, 감각과 지성을 제공하는 동물기운이 그것이
다. 간과 정맥이 자연기운을, 심장과 혈액이 생명기운을, 뇌가
동물기운을 담당한다고 여겼다. 이에 따라 간에서 음식물로부
터 혈액을 만들어 정맥을 통해 심장으로 보내고, 폐에서 공기와
섞여진 프네우마('숨'을 뜻하는 그리스어로, 생기를 부여하는 정수
같은 것)가 심장으로 들어와서 혈액의 자연기운과 섞여 생명기
운이 된다고 주장했다.

이런 주장은 르네상스 시기가 될 때까지 유럽 의학의 기본 지
침이었으며, 유럽의 모든 대학에서는 갈레노스의 주장을 가르
쳤다. 그의 이론은 당시 알려진 인체의 여러 현상을 잘 설명하
고 있었기 때문에 누구도 의심하지 않았던 것이다.

그러나 인체 해부가 가능해지자 갈레노스의 주장과 다른 점
들이 드러나기 시작했다. '반증'된 것이다. 이 반증이 주는 의
미를 연구하면서 윌리엄 하비*는 갈레노스의 이론과 다른 인
체 현상들을 통해 새로운 순환이론을 제시한다. 그러나 윌리엄
하비가 생존하던 시기에는 인체의 미세한 부분을 살펴볼 현미

● **윌리엄 하비(William
Harvey, 1578~1657)**
영국의 생리학자이자 해
부학자로, 혈액은 간에서
만들어지며 각 기관에서
사용하고서 없어진다는
갈레노스의 혈액 이론을
부정하고, 심장이 혈액을
계속 순환시킨다는 혈액
순환이론을 제시했다.

경이 발명되기 전이었으므로 그의 주장은 완전히 받아들여지지 못했다. 그 후 현미경을 통한 관찰이 행해지고, 다시 모세혈관과 적혈구 등이 관측되면서 기존의 갈레노스 이론은 폐기되고 새로운 순환이론이 그 자리를 대체했다. 그렇다고 갈레노스의 이론이 의미 없는 것은 아니다. 갈레노스의 이론은 반증되기 전까지 우리가 호흡하고 소화하는 과정에 대한 이해를 높였고, 뇌가 감각과 사고에 관련된 작용을 담당한다는 사실을 밝혔다.

하비의 새로운 이론과 후속 연구는 기존 이론의 잘못된 부분을 수정하면서 생리학의 깊이를 더하고 외연을 확장했다. 물론 하비의 연구 또한 완전한 것은 아니었다. 19세기에서 20세기에 이르는 기간 동안 생리학의 후속 연구는 폐에서의 가스 교환과 모세혈관과 세포 사이에서 물질 교환이 이루어지는 방식을 파악해낸다. 이 과정에서 하비의 여러 주장 중 일부가 다시 전복되었다. 기존 이론에 대한 반증은 이렇듯 가능성이 현실화될 때 세계에 대한 이해를 더욱 깊게 만들었으며, 앞으로도 그럴 것이다.

이 '반증 가능성'이란 개념은 칼 포퍼가 처음 제시했다. 19세기 후반에서 20세기 초에 논리실증주의Logical positivism라는 것이 있었다. 분석철학의 주요한 흐름이기도 했고, 과학철학에서도 주요한 세력이었다. 이들은 '검증 가능성의 원리'라는 것을 주장했는데 이 원리는 '명제를 안다는 것은 명제를 검증할 방법이 무엇인지 안다는 것이며, 검증 불가능한 명제는 의미가 없다는 것'을 뜻한다. 그리고 분석명제[*]가 아닌 경우 오직 경험을 통해서만 지식을 얻을 수가 있다고 주장한다. 대표적인 과학자는 오스트리아의 에른스트 마하다.

이들은 19세기 말에서 20세기 초까지 원자론을 부정한 것으로 유명하다. 눈으로 볼 수도 없는 것에 대해 이렇다 저렇다 주장해봤자 소용이 없다는 것. 앞서의 까마귀 예를 들어보면 '모든 까마귀는 까맣다'라는 주장은 그 진위를 확인하려면 세상의 모든 까마귀를 다 확인해봐야 한다. 하지만 많은 수의 까마귀를 조사하는 것은 가능할지라도 '모든' 까마귀를 조사하는 것은 불가능하다. 따라서 검증 가능성이 없다. 하지만 이런 주장에 따르자면 과학적으로 의미 있는 명제는 전혀 존재할 수 없다. 왜냐하면 앞서 서술한 것처럼 과학은 경험적 지식을 쌓아나가면서 성립되는 것이기 때문이다.

그렇다면 정말 '모든 까마귀는 까맣다'라는 명제는 과학적이지 않은 걸까? 칼 포퍼는 그렇지 않다고 생각했다. 바로 '반증 가능성'이 있기 때문이다. '모든 까마귀는 까맣다'라는 명제는 단 한 마리의 까맣지 않은 까마귀라도 발견된다면 바로 틀린 것이 확인되기 때문에 과학적이라고 할 수 있다는 것이다. 그리고 이 명제에 대해 판단하는 과정을 통해 과학적 발전이 가능하다는 것. 즉 과학적 주장이란 항상 '참'인 주장이 아니라, '참'인지 '거짓'인지 확인할 수 있는 주장이란 뜻이다.

물론 역사적으로도 또 과학철학에서도 반증 가능성이 항상

● 분석명제
정의와 논리적 규칙에 따라 참과 거짓이 판명되는 명제를 말한다. 예를 들어 '10 곱하기 5는 50이다' 같은 수학 명제나 '모든 사람은 남성이다'와 같은 명제를 말한다.

과학과 비과학을 명확하게 가르는 면도날 같은 잣대가 되지 못하는 경우가 왕왕 있지만, 일반적으로 실제 이론에 대해 검토할 때 우리는 반증 가능성을 항상 염두에 두게 된다. 그런데 반증 가능성만 갖추면 어떤 주장이든 과학적이라고 볼 수 있을까? 그렇지 않다. 반증 가능성은 어떤 주장이 틀렸든 맞았든 일단 '과학적'이라고 판단할 1차 관문에 불과하다. 맞다 틀리다는 판단을 할 수 있는 주장이라 하더라도 '과학적이다'라고 주장하려면 또 다른 관문 하나를 통과해야 한다. 바로 '인과관계' 또는 '상관관계'다.

개연성과 인과성 그리고 상관관계

담배회사와 폐암으로 사망한 남자의 미망인 사이에 소송이 지루하게 이어지고 있었다. 미망인은 남편이 폐암에 걸린 것이 흡연 때문이라며, 담배회사가 담배를 팔면서 그에 대해 충분히 주의를 주지 않았으므로 폐암으로 사망한 사건에 대해 책임을 져야 한다고 했다. 담배회사는 남자가 사망한 이유가 흡연이라는 확실한 증거가 없다고 반론했다. 법정 공방이 치열하게 이어지고, 배심원들을 상대로 온갖 음모와 공작이 펼쳐진다. 존 그리샴의 소설 『사라진 배심원The Runaway Jury』의 내용이다. 이 소설 내용처럼 20세기 후반 미국에선 담배와 폐암과의 인과관계를 둘러싸고 굵직한 소송이 연이어 일어났다.

만약 당신이 소송 당사자라면 남자가 폐암에 걸린 이유가 흡연 때문이라는 사실을 어떻게 증명할 수 있을까? 물론 똑같이 남자가 폐암에 걸린 이유가 흡연 때문이 아니라는 걸 증명하라고 담배회사에 요구할 수도 있지만, 어느 쪽에 증명 책임이 있는지는 이 책의 관할 범위가 아니니 보류하고 증명에 대해서만 생각해보자. 증명되지 않은 상황에서 두 현상 혹은 사물 사이에 일정한 관계가 있을 거라고 심증을 가지는 것을 '개연성을 파악한다'고 한다. 개연성은 과학 연구를 시작하는 좋은 출발점일 수는 있으나 아직 과학은 아니다.

사망한 남자는 이미 매장되었고, 시신을 해부하여 폐를 조사하는 방법은 불가능하다고 가정하자. 그렇다면 직접 사인을 확인할 수 없으므로 다른 방법을 사용해야 한다. 이럴 때 흔히 사용하는 방법이 역학epidemiology조사다. 개인이 아닌 인구집단을 대상으로 질병의 발생 양상이나 원인 및 전파경로를 조사하는 방법이다.(실제로 담배가 폐암을 일으키는 원인이라는 것도 역학조사를 통해 밝혀졌다.) 우선 사망한 남자와 비슷한 조건의 두 그룹을 모아 살펴본다. 죽은 남자와 동일한 50대 백인 남자라는 조건으로 흡연자 100명과 비흡연자 100명을 모아 폐암 여부를 조사한다. 조사 결과 흡연자 집단은 폐암 발생비율이 20%이고 비흡연자 집단은 10%로 나왔다고 하자. 그래! 담배를 피우면 폐암 발생확률이 두 배나 높아지니 담배회사에 책임이 있는 것이 분명하다. 이렇게 판단할 수 있을까?

담배회사는 조사 대상들을 면밀히 살펴본 뒤 반론을 제시한다. 조사 대상 중 폐암에 걸린 사람들의 부모 중 한 명이 폐암에 걸린 경우가 폐암에 걸리지 않은 사람의 부모 중 한 명이 폐암에 걸린 경우보다 두 배나 많았다. 따라서 이 사람들이 폐암에 걸린 것은 유전 때문일 가능성이 크다.

이제 다시 조사 대상을 확대한다. 비슷한 조건의 두 그룹을 각각 1000명씩 모은다. 그리고 흡연자 집단과 비흡연자 집단의 폐암 발생비율을 조사하여 이전과 마찬가지로 흡연자 집단의 발생비율이 두 배 높다는 사실을 다시 확인하고, 거기에 부모의 폐암 발생 전력도 조사한다. 이제 폐암에 걸린 부모를 둔 사람들 중 비흡연자 집단과 흡연자 집단을 나눠서 발생비율을 조사하니 그래도 흡연자 집단의 발생비율이 더 높다는 사실을 확인할 수 있었다. 이렇게 독립적인 두 사건인 흡연과 폐암 발생 사이에 일정한 연관성이 있을 때 우리는 상관관계가 있다고 말한다.

하지만 상관관계가 있다고 꼭 한 사건이 다른 사건의 원인이 된다는 건 아니다. 제비가 낮게 날면 비가 온다는 속담이 있다. 실제 그런지 살펴보려고 매년 봄에서 가을까지 여러 마리의 제비가 나는 걸 관찰한다. 관찰 결과 실제로 제비가 낮게 날면 비가 오는 경우가 그렇지 않은 경우보다 월등히 높았다. 둘 사이에는 꽤나 높은 상관관계가 있다는 것이 밝혀진 셈이다. 그렇다면 제비가 낮게 나는 것이 기우제라도 되어 비가 오게 되는 걸까? 제비가 낮게 나는 것이 원인이고 비가 오는 것이 결과가 되어 둘 사이에 인과관계가 형성되는 걸까? 이 책을 읽는 분들은 당연히 그럴 리는 없다고 생각할 것이다.

둘은 밀접한 상관관계가 있지만 직접적 인과관계는 아니다. 제비가 낮게 나는 것도, 비가 오는 것도 진짜 원인은 기압이다. 기압이 낮아지면 주변의 기압이 높은 곳에서 공기가 몰려와 하늘 위로 상승한다. 이런 상승기류는 구름을 만들며, 따라서 비가 올 확률이 높아진다. 마찬가지로 기압이 낮은 곳에 공기가 몰려들어 습도가 높아지면 곤충들의 날개가 습기에 무거워져 높게 날지 못한다. 따라서 제비도 낮게 나는 곤충을 잡으려 덩달아 같이 낮게 날게 된다. 즉 별도로 기압이 낮아졌다는 원인이 있고, 그 원인에 의해 나타나는 두 결과('제비가 낮게 난다'와 '비가 온다')가 있는 것이다. 그리고 두 결과가 항상 비슷한 시기에 나타난다는 사실을 보는 사람들은 둘 사이에 일정한 상관관계가 있다고 유추하는 것이다. 그러나 새가 낮게 나는 것과 비가 오는 것 둘 사이에는 어떠한 인과관계도 없다. 이렇듯 항상 동시적으로 나타난다고 하여 인과관계가 존재하는 것은 아니다.

폐암을 일으키는 원인은 여러 가지다. 유전적 요인도 있고, 환경적 요인도 있다. 폐암을 유발하는 원인물질도 여러 가지다. 다시 담배와 폐암 재판으로 돌아가보자. 담배회사는 담배를 피우는 사람들 중 폐암 발병률이 높다는 것을 인정하더라도 여기에는 다른 요인이 작용할 수도 있다고 주장한다. 담배를 피우는 사람들은 주로 수입이 적은 사람들인데, 수입이 적은 사람들은 규칙적인 운동도 더 적게 하고 더 나쁜 환경에서 노동을 하기 때문에 폐암에 걸릴 확률이 높은 것이라고 반박한다. 즉 담배도 폐암도 수입이 낮은 사람들에게서 나타나는 현상이지, 한쪽이 다른 한쪽의 원인은 아니라는 주장이다. 이처럼 상관관계만을 가지고 예단하기에는 현상들은 대개의 경우 너무 복잡하다.(물론 담배가 폐암의 원인이라는 것은 과학적으로 증명되었다.)

상관관계를 인과관계로 바꾸려면 둘 사이의 실제적 연관성을 파악해야 한다. 물론 인과관계까지는 아니라도 둘 사이에 일정한 상관성이 있다는 것을 엄밀한 과학적 방법으로 밝혀내는 것 또한 사실에 다가가는 한 과정이며, 과학이라 할 수 있다. 상관관계가 밝혀지면 연구의 방향이 분명해지고 둘 사이의 더 깊은 연관성을 연구할 수 있는 토대가 되기 때문이다. 물론 과학자들은 이러한 상관관계에 만족하지 못한다. 좀 더 분명한 인과관계를 밝히길 원한다.

그러나 인과관계는 생각만큼 단순하지 않다. 인과관계를 단순히 원인과 결과의 연결로만 볼 수도 있지만, 실제 구체적 연구과정을 보면 그 자체가 다양한 부수적·부분적 관계를 포함한다는 걸 알 수 있다.

오랜 옛날부터 사람들은 치통이 있으면 버드나무 가지의 속살을 으깨서 아픈 이빨에 물고 있었다. 인류 최초의 문명이었던 메소포타미아 시절의 점토판에 진통제 처방전으로 버드나무가 그려져 있었다니 아주 오래된 치료법이다. 버드나무 속살이 진통효과가 있다는 걸 그때 사람들도 알고 있었던 것이다. 낮은 차원의 인과관계는 이렇게 형성된다. 버

오랜 옛날부터 동·서양 모두에서 버드나무 속살의 진통 효과가 잘 알려져 있었다. 허준의 『동의보감』에도 "치통이 있으면 버드나무 껍질을 달여서 입에 넣고 양치한 후 뱉어낸다"고 돼 있다.

드나무 속살을 물고 있으면 아픔이 가신다. 하지만 왜 그렇게 하면 아픔이 가시는지는 알지 못했다. 인과관계는 알았지만 그에 대한 구체적 이유는 몰랐던 것이다.

　19세기에 이를 연구하던 과학자들은 버드나무 가지의 여러 성분 중 살리실산이 진통효과가 있다는 걸 확인했다. 버드나무 가지를 으깨서 성분을 추출한 후 다시 나누고, 각 성분들을 따로따로 아픈 부위에 대어보았던 것이다. 다른 성분은 진통효과를 나타내지 않았고 오직 살리실산만 효과를 보였다. 이제 좀 더 분명한 인과관계가 성립된다. 진통효과를 내는 것은 살리실산이다. 우리가 쓰는 진통제 아스피린의 주성분이다.(정확하게는 살리실산의 부작용을 완화한 형태인 아세틸살리실산이 아스피린의 주성분이다.) 하지만 아직도 선명한 인과관계는 나타나지 않았다.

살리실산은 어떻게 통증을 완화하는 걸까?

　살리실산의 좀 더 분명한 기작機作, mechanism을 확인하는 것은 분자생물학의 몫이었다. 신체의 일부분에 상처가 생기면 세포는 즉시 프로스타글란딘prostaglandin이라는 물질을 생성한다. 이 물질은 신경세포를 예민하게 만들어 통증을 뇌로 전달하게 한다. 이 프로스타글랜딘의 생성에는 콕스cox, cyclooxygenase라는 효소가 관여하는데, 살리실산은 이 콕스 효소가 제대로 기능을 발휘하지 못하게 만든다. 그에 따라 프로스타글란딘 생성도 차단되고 통증이 전달되지 못한다. 이제 훨씬 더 분명하게 밝혀졌다. 살리실산이 어떻게 인체 내에서 통증을 완화하는지가 선명하게 이해가 된다. 인과관계가 매우 정확해졌다.

　이렇듯 처음에는 불명확한 부분을 포함한 인과관계로 시작하여 그 인과관계 내의 부수적·부분적 인과관계까지 선명하게 밝혀지는 과정이 과학이다. 그렇다면 살리실산이 통증을 완화시킨다는 사실만 확인한 것은 과학이 아닐까? 그렇지 않다. 관련된 모든 인과관계가 완전히 파악되어야만 과학이 되는 것은 아니다. 과학은 하나의 과정이다. 최초에는 상관관계에서 시작하여 커다란 (그러나 구멍이 숭숭 뚫린) 인과관계로 발전하고, 다시 과정의 세부적 사항까지 규명하여 보다 정밀한 인과관계로 발전하는 과정이다. 앞서 살리실산이 콕스 효소의 기능을 차단한다고 했지만 이는 어떤 과학자가 보기에는 완전한 설명이 아니다. 살리실산이 콕스 효소를 억제하는 것은 일종의 화학반응인데, 이 과정에서 무슨 일이 일어나는지 좀 더 자세히 알아야 하기 때문이다. 이렇듯 어느 요소, 어느 현상에 대한 인과관계는 보다 세밀한 분야로 더 깊어지는 것이다.

인과관계는 또한 다층적이다. 파악하고자 하는 현상 자체가 다층적 인과관계로 구성되기 때문이다. 예를 들어 누군가가 눈물을 흘리고 있어 물어본다. 당신은 왜 눈물을 흘리나요?

가장 일상적인 답은 애인과 헤어졌다든가 사랑하던 반려동물이 죽었다든가 혹은 다른 어떤 이유로 슬펐고 그 슬픔이 눈물이 되어 흘렀다는 것이다. 하지만 눈물의 인과관계가 이것 하나뿐일까? 뇌의 감정을 담당하는 부분에서 슬픔을 느끼고 이 슬픔이 스트레스를 주자, 몸에 가해진 스트레스를 풀기 위해 뇌에서 이완을 요구하는 기작이 일어났고, 이에 따라 눈물샘이 자극을 받았으며, 자극받은 눈물샘의 활동에 의해 눈물이 흘렀다는 것 또한 인과관계가 될 수 있다. 이는 눈물을 흘리는 일에 대한 생리학적 인과관계라고 볼 수 있다.

또 다르게 진화론적으로 설명할 수도 있다. 인간의 선조는 슬픔이나 고통과 같은 스트레스를 받았을 때 고함을 지르거나 다른 돌출적 행동을 통해 이를 해소하곤 했는데, 일종의 돌연변이로 스트레스를 눈물로 해소하는 이가 생겨났다. 그는 다른 선조보다 더 효율적으로 스트레스를 해소할 수 있었고, 이것이 생존경쟁에서 유리하게 작용했다. 또한 고함을 지른다든지 하는 행위는 스트레스는 풀 수 있지만 다른 위협을 가져올 수 있는데, 눈물을 흘리는 방법은 이런 부작용이 덜 해서 그 또한 경쟁력이 될 수 있었다. 따라서 이런 선조는 그렇지 않은 이들에 비해 생존율이 높고 번식률도 높아져 마침내 인간 종 전체의 대부분을 차지하게 되었다. 따라서 현재의 인간 종은 대부분 스트레스를 받으면 눈물을 흘리는 유전자를 가지고 태어나게 되었다고 볼 수도 있는 것이다. 이것이 눈물을 흘리는 일에 대한 진화론적 인과관계다.(이것은 그럴 듯하게 꾸며본 이야기일 뿐 실제 눈물의 진화 과정은 아니다.)

혹은 사회문화적으로도 볼 수 있다. 현재는 성역할을 구분 짓는 것이 많이 줄어들었지만 과거 한국에서는 남자는 남성다울 것을, 여성은 여성다울 것을 요구받았고 어려서부터 그런 성역할에 익숙했다. 물론 이는 한국에만 국한된 현상은 아니었다. 그런 문화 환경 속에서 남성은 어지간한 일에 눈물을 보이면 안 된다는 감정 절제를 요구받았고, 여성은 오히려 그런 섬세한 감정 표현을 하는 것이 여성답다는 무언의 요구 속에서 살아왔다. 이런 문화적 훈련 속에서 여성은 자신의 감정을 눈물로 표현하는 것이 자연스워졌다. 이는 또 타인과의 관계에서 그런 표현이 자신에게 유리하게 작용한다는 사실에 이미 익숙해졌기 때문이기도 할 것이다. 이것은 사회문화적 인과관계다.

이렇듯 눈물을 흘리는 행위 하나에서도 우리는 여러 층위의 인과관계를 살펴볼 수 있다. 과학으로 한정하더라도 마찬가지다. 하나의 현상에 대해 생리학적으로, 분자생물학적으로, 진화론적으로 그 인과관계를 여러 층위에서 분석할 수 있다. 이 모든 인과관계가 정답일 수도 있지만, 여러 인과관계 중 질문하는 이가 알고자 하는 바에 가장 가까운 답이 있을 것이다. 우리는 질문에 따라 올바른 답을 선택하면 그만이다. 대개의 경우 가까운 친구가 왜 우는지 물어볼 때 그에 대한 답으로 과학적 인과관계를 원하지는 않을 것이다. 그에 대해 진화론적 혹은 분자생물학적 인과관계를 답으로 내놓으면 친구는 여러분을 이상하게 쳐다볼 것이다.

그러나 어떤 경우는 기존에 밝혀진 인과관계로 답할 수 없는 현상 혹은 질문이 있다. 이런 경우는 질문이 잘못되었거나(애초에 인과관계가 존재하지 않는데 물어보는 경우), 아니면 미처 우리가 알지 못했던 새로운 인과관계를 밝혀내는 원인이 되기도 한다. 물론 대부분은 잘못된 이해가 낳은 잘못된 질문인 경우가 많으나, 가끔 송곳 같은 질문이 과학의 새로운 이해를 넓히는 계기가 된다.

가령 20세기 초 한 과학자는 은하를 연구하던 중 은하의 자전 속도가 예상보다 훨씬 빠르다는 사실을 알았다. 왜 이렇게 빨리 돌까? 이 질문에 대해 기존 물리학과 천문학은 제대로 된 답을 내놓지 못했다. 새로운 원인이 필요했던 것이다. 은하 내부에 우리가 알지 못하는 어떤 물질이 있어서 그 물질의 중력 때문에 자전이 빠른 게 아닐까? 이런 의문을 던지고 답을 구하는 과정을 통해 우리는 암흑물질*이라는 존재를 알게 되었다.

● **암흑물질**
우주에 널리 분포하고 있지만 빛, 즉 전자기파와 상호작용하지 않으면서 질량을 가진 물질이다. 여러 은하들의 팽창속도나 회전속도 등의 증거는 은하의 질량이 현재 알려져 있는 것보다 훨씬 커야 한다는 걸 지시한다. 따라서 무엇인지 알지 못하는 물질이 대량으로 존재함을 암시한다.

암흑물질은 빛이나 전파에 감지되지 않는다.(즉 전자기적 상호작용을 하지 않는다.) 다른 물질과는 오직 중력에 의한 상호작용만 하기 때문에 그 존재를 미처 알지 못했던 것이다. 그러나 은하의 회전속도가 예상보다 빠르다는 일종의 새로운 질문이 던져졌고, 이 질문에 대한 답을 찾던 과정에서 새로운 물질과 새로운 인과관계가 드러난 것이다.

반대로 잘못된 질문을 한번 생각해보자. 우리는 무슨 목적으로 태어났는가에 대해 누군가 과학에게 물었다면 과학은 어떻게 대답할 것인가? 인간은 스스로 목적을 가지고 태어나지 않는다가 과학이 내리는 답변이다. 실제로 누구도 태어나기 전에 스스로 목적을 만들고, 그 목적에 의해 태어나는 사람은 없다. 이것은 과학이 확인한 귀납적 증명이다. 또한 이제껏 누구도 그렇게 태어나지 않았을뿐더러, 인간의 발생과정에 대한 연구는 이런 절차가 인간 개체 탄생의 어느 과정에서도 발견되지 않는다고 답한다. 그렇다면 이는 질문이 잘못된 것이다. 애초에 태어나는 목적을 가질 수 없는 존재에게 그럴 수 있다고 가정하고 질문한 것이기 때문이다. 이 질문의 속내를 잘 파악해보고 제대로 다시 질문을 하려면 이렇게 해야 한다. 이왕 태어났다면 우리는 무엇을 목적으로 살아야 하는가? 그리고 이 질문은 과학이 아니라 자기 자신, 철학, 종교에 해야 할 질문이다.

실제로 이렇게 질문 자체가 그 대상을 잘못 찾을 때 사달이 난다. 무엇을 목적으로 살아야 하는가 하는 질문을 과학에게 묻지 말아야 하는 것과는 반대로 다른 곳이 아닌 과학에 물어야 할 질문이 있다. '신은 어떻게 지구 생물을 이렇게 진화시켰습니까?' 혹은 '신은 어떻게 이렇게 다양한 생물을 지구상에 창조하셨습니까?'라고 종교에게 묻는다면 이 또한 질문이 잘못된 것이다. 이 대답은 과학이 할 것이지 종교가 할 것이 아니기 때문이다.

과학이 모든 인과관계를 다 밝힐 수도 없고, 그런 책임을 가지고 있지도 않다. 하지만 과학에게 물어야 할 인과관계를 다른 층위에서 접근하면 다른 답이 아니라 틀린 답이 나올 수 있다. 물론 반대도 마찬가지. 다른 층위에서 답해야 할 질문을 과학에게 물으면 그 또한 제대로 된 답이 나오지 못한다.

재현 가능성: 네가 해서 되면 내가 해도 돼야 한다

반증 가능성과 인과성이라는 두 가지 관문을 넘었더라도 과학적 지식이라고 인정받기 위해서는 가야 할 길이 많다. 과학자들은 새로운 과학적 주장을 펼칠 때 자신의 주장을 뒷받침할 실험 결과를 함께 제시한다. 과학은 경험적 증거 위에 성립하는 것이니 당연한 절차다. 그럼 다른 과학자들은 그 실험을 따라 해본다. 그게 정말 제대로 되는지를 확인하는 것이다. 이를 재현실험이라고 한다. 보통 완전히 똑같이 해보는 경우와 조금씩 조건을 달리해서 해보는 경우로 나뉘는데, 이 두 가지 재현실험을 통해 최초 발표자의 연구 결과가 다시금 확증된다.

사이비들이 하는 주장 중 대표적인 것이 '내가 할 때는 된다'는 것이다. 어떤 대체의학자가 자신이 마사지를 하면 척추의 병이 완전히 나을 수 있다고 주장한다. 다른 사람이 옆에서 그의 치료를 그대로 따라한다. 하지만 아무리 해도 환자가 낫질 않는다. 그는 자신만의 비법이 있어 다른 사람이 하면 낫지 않는거라 주장한다. 그 비법이 무엇인지 물어보면 영업 비밀이라고 가르쳐주질 않는다.

이런 경우 우리는 재현 가능성이 없다고 이야기한다. 요리사의 손맛이 음식을 좌우한다는 이야기도 있다. 요리법 그대로 따라했는데도 도저히 그 맛이 나오질 않는다는 것. 이런 경우 요리법에 없는 무엇인가가 음식의 맛을 좌우하기 때문일 것이다. 흔히 말하는 비법 양념이 있을 수도 있고, 아니면 요리법에 적힌 분량이 틀렸든가 또는 습도와 온도에 따라 조금씩 달라져야 하는데 그렇지 못했든가 뭔가 이유가 있을 터이다.

그러나 위 대체의학자의 주장이나 요리사의 손맛은 결국 과학이 될 수 없다. 무언가 다른 요인이 있다면 그것이 무엇인지를 밝혀내는 것이 과학이고, 모든 조건이 같다면 같은 결과가 나와야 하는 것이 과학이기 때문이다. 같은 크기 같은 모양을 한 무겁고 가벼운 두 물체를 동시에 같은 높이에서 떨어뜨린다면 갈릴레이가 하든 뉴턴이 하든, 당신이나 내가 하든 모두 동일한 결과가 나와야 한다. 그것이 재현 가능성 reproducibility이다.

카이스트KAIST의 한 교수가 피라미드 파워를 연구한 적이 있다. 기하학적으로 보면 피라미드는 밑변이 정사각형이고 옆면은 정삼각형 네 개인 정사각뿔

인터넷 검색을 해보면, 피라미드 파워를 검증하려는 아마추어 과학자들의 숱한 시도를 발견할 수 있다. 하지만 어떤 것도 재현 가능한 결과를 내놓지 못했다.

이다. 피라미드 밑면의 중심에서 위쪽으로 2/3 되는 지점에는 특별한 능력이 있어 면도칼을 놓으면 녹이 슬지 않고, 음식물을 놓으면 상하지 않는다고 하는 것이 피라미드 파워다. 사람에 따라서는 그 지점에 사람이 앉아 있으면 머리가 맑아지고 몸이 가뿐해진다고도 주장한다. 사실 잘 믿기지 않는 사이비과학으로 싸구려 주간지에서나 다룰 만한 내용이다. 그런데 우리나라 과학의 상징이라 할 수 있는 카이스트의 교수가 이를 연구한 것이다. 더구나 놀랍게도 실험을 해보니 실제로 그런 효과가 있었다고 신문에까지 대서특필이 되었다.

그런데 문제는 그 다음이다. 이후에 동일한 실험을 해보니 같은 결과가 나오지 않았다는 것이다. 자기가 실험을 하는데도 어떤 경우에는 되고, 어떤 경우에는 안 되더란 이야기가 당시

인터뷰에 실렸다. 더구나 왜 안 되는가에 대해서도 정확히 알 수 없다고 했다. 그렇다면 이것을 과학이라고 할 수 있을까? 우리는 이런 것을 유사과학pseudo science이라 한다.

몇 년 전 일본의 대표적 과학연구소인 이화학연구소의 오보카타 하루코란 연구자가 역분화逆分化줄기세포를 아주 쉬운 방법으로 만들어냈다고 논문을 발표했다. 줄기세포는 다양한 세포로 변화될 수 있는 세포를 말한다. 엄마 뱃속에 있는 배아의 줄기세포는 차차 자라나면서 눈·폐·심장·팔다리 등으로 분화하게 된다. 그래서 줄기세포를 의학적으로 활용하려는 연구가 매우 활발하다. 그런데 일단 어른이 되면 그런 줄기세포는 없다. 그렇다고 연구를 목적으로 배아를 함부로 상하게 할 수 없다는 게 줄기세포 연구의 어려움이었다. 특히 황우석 박사의 배아줄기세포 조작 사건 이후 전세계적으로 연구윤리 문제가 제기되면서 더 이상 배아를 이용한 연구를 하기 힘들어졌다.

그래서 그에 대한 대안으로 성체 세포를 다시 배아줄기세포로 돌려서 사용하려는 연구가 진행되었고, 이렇게 줄기세포로 되돌아간 것을 역분화줄기세포라고 부른다. 21세기 초 처음 역분화줄기세포 개발에 성공했지만 방법이 너무 복잡하고 성공률도 떨어졌다. 실제로 사용하기에는 미흡한 면이 없지 않았다. 그런데 아주 쉬운 방법으로 역분화줄기세포를 만들 수 있다고 했으니 얼마나 대단한 일인가? 세계적으로 권위 있는 학술지에 대서특필되었고 전세계 언론의 관심이 집중되었다. 그런데 그 소식을 접한 전세계의 과학자들이 재현실험을 하는데 어떤 팀도 동일한 방법으로 역분화줄기세포를 만들지 못했다. 결국 그 논문은 가짜로 판명 났다.

이런 사례 외에도 재현 가능성을 충족시키지 못한 다양한 경우를 과학계에서는 종종 볼 수 있다. 대부분 제대로 된 실험이나 관측을 하지 못해 잘못된 결론을 내린 것이다. 이런 경우를 가려내는 데 재현 가능성은 대단히 중요한 역할을 한다. 이처럼 현대 과학에서 재현 가능성은 어떤 연구 성과가 사실인지 아닌지를 밝히는 아주 중요한 도구이다.

재현 가능성은 또한 근대적 의미의 과학이 자신의 모습을 갖추는 중요한 지점이기도 하다. 화학을 예로 들어보자. 화학이라는 영어 단어 chemistry가 연금술_alchemy에서 al을 떼어내서 만든 말이듯, 화학의 전신은 연금술이었다.

그럼 새로운 시대의 화학은 이전과 어떻게 달라졌을까? 보통 근대 화학의 시작점으로 라부아지에를 꼽는다. 그는 물을 분해하여 산소와 수소가 생성됨을 확인하고, 원자론을 지지했으며, 33가지의 근본 원소를 발표하기도 한다. 이런 개인적인 업적 외에도 화학의 역사에서 그리고 과학의 역사에서 중요한 점 하나는 그가 화학자들을 모아 학회를 만들고, 학회의 이름으로 학회지를 만들어 화학방정식과 화학물질의 명명법을 정리한 것이었다.

그 이전의 연금술은 비전秘傳이었다. 스승에게서 제자에게로 은밀히 전해졌을 뿐 절대로 밝히지 않는 비밀이었다. 그래서 다른 이들이 할 수 없는 일을 해낼 수 있을 때 뛰어난 연금술사로 인정받았다. 하지만 새롭게 정의된 화학은 이제 누구나 동일한 실험을 통해 같은 결과를 만들어낼 수 있는 학문이었다. 화학자들은 다른 이의 실험 결과를 보고 따라했으며, 그를 통해 이전의 실험에 대해 확인을 할 수 있었다. 그리고 이는 지식의 누적을 광범위하고 빠르게 만들었다.

스승에게서 제자에게로 이어지는 연금술의 비의는 쉽사리 공개되지 않았고, 제자의 능력에 의해서만 조금씩 지식의 범위가 넓혀졌다. 또한 아는 사람이 소수밖에 없으므로 잘못된 지식이 확인 없이 몇 대에 걸쳐 수정되지 않기가 십상이었다. 그러나 이제 한 사람의 실험은 백 사람의 지식으로 공유되고, 백 사람이 그 다음의 지식을 탐구하는 바탕이 되었다. 재현실험은 단순히 그 사람의 연구가 옳았는지에 대한 점검일 뿐 아니라 개인의 연구를 과학계 전체가 공유한다는 의미도 있는 것이다.

또한 재현실험 과정에서 기존의 연구에서 미처 확인하지 못했던 다양한 측면이 재발견되기도 한다. 기존 연구에서 엄밀하지 못했던 부분이 수정되기도 하고, 기존 연구가 어떤 확장성이 있는지를 확인하기도 한다. 그리고 재현실험을 통해 기존 연구에서 간과되었던 인과관계가 다시금 확인되는 경우도 있다. 가령 한 과학자가 어떤 효소가 인체 내에서 작용하는 과정을 연구하고 실험해 논문으로 발표했다고 치자. 이 논문이 주목할 만한 것이라면 재현실험이 이루어진다. 가장 먼저는 최초의 발표자와 동일한 조건에서 실험을 하여 동일한 결과가 나타나는가를 확인한다. 그리고 다시 특정 실험 환경—실험실의 온도라든가 혹은 여러 관련 물질들의 농도 등이 해당될 수 있다—에 의문이 든다면 그 조건들을 변화시켜서 실험을 한다. 그 과정에서 최초 발표자의 결과 중 왜곡되거나 부분적으로 미심쩍은 부분들이 밝혀지고, 또 최초 발표자는 생각하지 못했던 효소의 다른 기능이 드러나기도 한다.

과학자들은 재현 가능성을 염두에 두고 연구를 하며, 그만큼 더 철저하게 부족한 부분을 없애기 위해 노력한다. 제3자의 눈으로 보았을 때 허술해 보이는 지점이 있으면 미리 확인하고 의문점이 없도록 준비하는 것은 이제 연구자들의 기본 덕목이 되었다. 비판받을 걸 미리 알기 때문에 준비가 더 철저해지는 것이다.

하지만 재현 가능성이 모든 과학적 연구에 적용될 수 있는 것은 아니다. 고생물학이나 진화론, 천문학 같은 경우가 대표적으로 그렇다. 가령 티라노사우루스는 백악기(약 1억4500만 년 전에서 6500만 년 전 사이의 기간)에 살았던 공룡인데, 백악기 지층이라고 모두 티라노사우루스가 발견되지는 않는다. 티라노사우루스가 당시 전세계 모든 곳에서 산 것도 아니고, 육식동물 중에서도 최상위 포식자였으니 그 수도 다른 공룡에 비해 대단히 적을 수밖에 없다. 지금 사자나 호랑이가 영양이나 사슴 등에 비해 수가 적은 것처럼 말이다. 더구나 화석이 되려면 굉장히 복잡하고 실제로 일어나는 확률이 드문 과정을 거쳐야 한다. 따라서 백악기 지층을 판다고 모든 곳에서 티라노사우루스가 나오는 '재현'은 불가능하다. 이런 경우 재현 가능성이 논문을 판단하는 전제조건이 되지 않는다.

천문학 중에서도 과거의 우주를 밝히는 일은 많은 이들의 흥미를 끈다. 그중에서도 특히 우주 탄생 초기의 모습은 학계나 대중에게서나 초미의 관심사다. 그러나 136억 년 전 시작된 우주의 역사 초기는 지금의 과학기술 수준으로는 재현하기 어렵다. 그때는 우주가 지금과는 비교할 수 없을 정도로 대단히 작았고, 그만큼 온도와 압력은 어마어마하게 높았을 것이기 때문이다. 우주 초기의 상태나 그때 존재했으리라 생각되는 입자를 우리가 재현할 수 없는 이유다. 그러나 이 경우에도 재현되지 못한다고 그 연구가 쓸모없어지는 것은 아니다.

그리고 재현 가능하다고 해서 모두 과학적으로 의미 있는 건 아니다. 레시피대로 요리를 하면 누구나 셰프처럼 기막힌 요리를 할 수 있다고 해서 그게 과학적 연구가 되지 않는 것처럼 말이다. 반증 가능하고 인과관계나 상관관계가 선명하며 이를 통해 기존의 과학 지식에 폭과 깊이를 더하는 연구라는 조건들이 붙어야 한다. 재현 가능성은 과학연구라면 마땅히 지켜야 할 방법론 중 하나이며, 이를 과학자가 엄밀히 자각할 때 과학은 조금씩 발전해나갈 수 있다.

재현성과 관련하여 또 하나 중요한 지점은 현대의 거의 모든 산업이 이를 토대로 하고 있다는 점이다. 라면이 생산될 때 라면마다 맛이 다르다면 어떻게 되겠는가. 반도체를 제작할 때마다 불량률이 달라지고, 향수를 만들 때마다 향이 다르다면 현대의 산업은 유지되지 못한다. 지금의 산업은 주어진 매뉴얼대로 작업을 했을 때 항상 같은 결과물이 나온다는 전제 아래에서 성립한다. 흔히 말하는 핸드메이드는 사람에 따라 생산품의 품질이 달라지고 동일인이더라도 당일의 여러 조건에 따라 달라진다. 하지만 산업화한 제품은 균등한 품질을 제공한다. 물론 제공되는 품질이 만족스러운가는 별개의 문제다. 항상 동일한 결과가 재현될 수 있다는 것이 현대에 대량생산이 가능한 토대다. 산업의 품질관리는 어찌 보면 현대 과학의 방법론을 차용한 것이기도 하다.

변인 통제: 단순해야 길이 보인다

재현 가능성을 검증하기 위해선 무엇보다도 재현된 실험이 첫 실험과 동일하게 수행되는 게 중요하다. 그런데 이게 말처럼 쉬운 게 아니다. 여러 가지로 고려해야 할 점이 많다.

가령 선인장을 키울 때 일주일에 한 번 오전에 흠뻑 물을 주는 것이 오후에 물을 주는 것보다 선인장의 생장에 더 도움이 된다는 주장이 제기되었다고 하자. 이 주장을 한 사람은 자신이 실제로 실험한 결과라고 이야기한다. 그렇다면 이 실험을 재현해보려면 어떡해야 할까? 당연히 최초로 주장한 사람이 한 순서대로 실험을 수행해야 할 것이다. 그러나 이것만이 다는 아니다. 실험에 영향을 주는 여러 요소들도 상세하게 조절할 필요가 있다.

먼저 비교대상이 있어야 한다. 이를 실험군과 대조군이라고 한다. 오전에 흠뻑 물을 주는 쪽을 실험군이라 한다면 오후에 물을 흠뻑 주는 쪽은 대조군이 된다. 이런 대조군 없이 실험군만 가지고 실험을 한다면 선인장의 생장 정도를 비교할 수 없으니 제대로 된 결론을 내릴 수 없다. 이때 실험군과 대조군은 물을 주는 시기 외의 모든 조건이 동일해야 한다. 만약 실험군과 대조군이 서로 다른 종류의 선인장이라면 실험 결과가 제대로 나올 수가 없다. 또한 같은 종류의 선인장이라도 그 크기나 연령이 비슷해야 비교가 쉬울 것이다.

그리고 이 둘이 처한 상황도 동일하게 만들어야 한다. 일조량과 일조시간도 동일해야 하고, 비료도 동일한 것을 같은 농도와 같은 주기로 공급해야 한다. 선인장이 담긴 화분의 크기도 동일해야 하고, 토양도 같아야 한다.

자, 이 정도면 좋은 실험일 수 있을까? 만약 중고등학교 학생들의 실험이라면야 이 정도로도 훌륭하다 할 것이다. 하지만 전문 과학자의 실험이라면 이 정도로 만족할 수 없다. 일단 실험

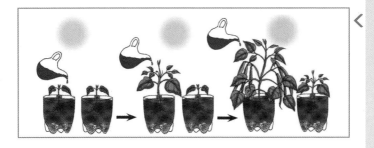

물이 식물의 생장에 미치는 영향을 알기 위해서는 물 이외의 모든 조건(식물 종류, 일조량, 토양 성분 등)을 똑같이 맞춰줘야 한다.

군과 대조군을 한두 그루만 심어서는 안 된다. 선인장마다 각각 특성의 차이가 있을 수 있기 때문이다. 최소한 각기 열 그루 정도는 심어야 실험군과 대조군이 개체별 특성에도 불구하고 의미 있는 차이가 나는지도 알 수 있다. 또한 한 종의 선인장만 선정해서도 곤란하다. 그 선인장 종만의 특성이 반영될 수 있기 때문이다. 따라서 유전적으로 서로 거리가 멀고 사는 장소도 다른 서너 종의 선인장을 선정하여 각 종별 차이가 있는지를 확인해야 한다. 여기에 더해 일조량과 비료도 충분히 주었을 때와 조금 부족하게 주었을 때 어떠한 차이가 있는지도 비교해 본다면 더 엄밀한 실험이 될 것이다.

꽤 단순한 실험인데도 고려해야 할 사항이 많다. 이렇게 실험 과정에서 결과에 영향을 미칠 수 있는 요인, 즉 '변인變因'을 일정하게 유지하는 것을 변인 통제라 한다. 이런 변인 통제는 성공적 연구를 위한 기본 요소이자, 다른 사람들에게 그 연구의 타당성을 인정받기 위한 기반이기도 하다. 재현 가능성의 필요조건이면서, 또한 그렇기 때문에 그 자체로 근대 과학을 이전과 구분하게 해주는 또 하나의 중요한 요소이다.

그런데 변인 통제의 배경에는 근대 과학의 기본 방침인 '분석'이 있다. 우리가 사는 세상은 참으로 복잡하다. 하나의 현상을 볼 때 다양한 측면을 고려하지 않으면 안 된다. 만약 100가지 변수가 있다고 했을 때 이 모두를 한꺼번에 고려하여 현상을 규명하긴 여간 어려운 것이 아니고, 어떤 경우에는 불가능하기까지 하다. 따라서 파악하고자 하는 단 한 가지 요인만 남겨놓고 나머지 99가지를 동일하게 만드는 게 편리하다. 이런 분석적 방법은 17세기 과학혁명의 과정에서 싹터 근대 과학이 굳건히 성립하는 데 핵심적인 역할을 했다. 복잡한 현상을 쪼개 단순화시키는 것이 근대 과학 성공의 비결이었던 것이다.

가령 볼링공을 굴린다고 생각해보자. 볼링공에 영향을 주는 요소로 먼저 바닥의 재질을 생각할 수 있다. 바닥이 거칠면 제대로 굴러가지 못할 것이고, 매끄러우면 잘 굴러갈 것이다. 또한 바닥의 경사면도 영향을 줄 것이고, 주변 대기 상황도 관여한다. 습도가 높으면 구르기를 조금 덜 하고 건조하면 더 많이 굴러간다. 볼링공을 던지는 각도도 문제가 될 것이고, 놓는 위치도 중요할 것이다. 그래서 볼링공을 10번 던지면 10번 모두 조금씩 다르게 굴러가게 된다. 따라서 볼링공을 굴릴 때 볼링공을 놓는 위치와 볼링공의 궤적 사이의 관계를 조사하려면 나머지 조건들을 모두 동일하게 놓아야 한다. 즉 바닥의 거칠기도 일정하게 유지하고, 볼링공의 재질도 동일하게 한다. 바람이 영향을 미치지 않게 선풍기를 끄고 에어컨도 끈다. 던지는 각도도 똑같이 하고, 던지는 힘과 놓는 위치도 똑같이 한다. 이제 비로소 볼링공을 놓은 위치와 궤적 사이의 관계를 파악할 수 있다.

이렇게 나머지 요인들을 모두 일정하게 통제함으로써 원인과 결과 사이의 일대일 대응을 만드는 것이 분석적 방법이다.

흡연과 폐암 사이의 인과관계를 알아낸 실험을 다시 생각해 보자. 폐암의 원인이 흡연임을 밝히기 위해 어떠한 노력을 했을까? 먼저 폐암의 원인이 될 수 있는 것들을 살펴본다. 이는 기존 지식에 근거한다. 어떤 연구에서는 부모가 폐암에 걸리면 자식도 폐암에 걸릴 확률이 높다는 결과가 나왔다. 다른 연구에서는 탄광에서 일하는 사람들은 다른 직업을 가진 사람보다 더 많이 폐암에 걸린다는 결과가 나왔다. 또 다른 연구에서는 사는 지역에 따라 폐암의 발병률이 다르다는 사실이 밝혀졌다. 성별에 따라 그리고 연령에 따라 폐암 발병률이 다르다는 사실도 기존 연구를 통해 파악되었다. 그렇다면 이제 조사 방법은 다음과 같아야 한다. 일단 동일한 직업을 가진 사람들을 대상으로 한다. 그래야 직업별 차이를 없앨 수 있다. 또한 비슷한 연령대로 집단을 구성해야 하고, 지역이나 성별도 맞춰야 하며, 부모의 폐암 발병 여부도 확인해야 한다. 이런 과정을 거쳐 다른 변인을 통제해야지 흡연과 폐암의 관계를 파악할 수 있다.

물론 변인 통제만이 분석적 방법의 전부는 아니다. 이를테면 인체를 연구할 때 인간 전체를 연구하기에는 너무 복잡하니 개별 기관계로 분리하여 연구하는 것도 분석적 방법이다. 호흡을 담당하는 호흡계, 에너지와 물질 운반을 담당하는 순환계, 소화를 담당하는 소화계 등으로 분리해서 각각을 연구한다. 그마저도 복잡하니 각 기관계를 기관별로 다시 분리한다. 소화계를 분리하여 식도·위·소장·대장·이자 등을 따로 연구하는 식이다. 이렇게 나누어서 각각을 연구하고 이를 다시 총합하면 전체 인간의 얼개를 알 수 있다는 것이 분석적 방법이고, 실제로 지난 300년간 과학 발전에 큰 기여를 했다.

그러나 이러한 분석적 방법은 때론 그 자체로 한계가 있을 수 있다. 가령 생태계에 대한 연구를 한다고 해보자. 생태계에는 광합성을 통해 스스로 영양분을 만드는 생산자(대개의 경우 식물이나 조류藻類)가 있고, 이들을 먹고 사는 1차 소비자가 있다. 1차 소비자인 초식동물을 먹고 사는 2차 소비자도 있고, 1차나 2차 소비자를 먹고 사는 3차 소비자도 있다. 그리고 죽은 동물의 사체를 먹고 사는 분해자도 독수리·하이에나·파리·세균·곰팡이 등 다양하게 존재한다. 그리고 이들을 둘러싼 환경도 다양하다. 기온은 어떤지, 강우량이 얼마나 되는지, 토양은 어떤지, 지리적 조건은 어떤지 등 또한 고려사항이다.

그런데 생태계를 구성하는 하나하나의 개체를 연구하는 것도 의미가 있지만 그 자체로는 한계가 있을 수밖에 없다. 왜냐하면 한 생태계에 속한 생물들과 환경은 서로 상호작용하며 전체를 이루고 있기 때문이다. 기온과 강우량은 서식하는 식물의 형태를 대략 정하게 된다. 비가 많이 오면 숲이 우거지고, 비가 적게 오면 초원이 되며, 아주 건조하면 사막이 된다. 그리고 온도에 따라 열대·온대·냉대·한대 등이 정해져 식물상이 달라진다. 그렇지만 구체적으로 어떤 식물종이 서식할지는 그 외에도 아주 다양한 요인들과 우연에 의해 정해진다. 그리고 식물상이 어느 정도 자리를 잡으면 그에 맞는 동물상이 자리 잡는데, 반대로 어떤 동물상이 존재하느냐에 따라 식물상의 변천과정 또한 영향을 받는다.(예컨대 나뭇잎을 먹는 초식동물들이 많아지면, 삼림은 줄어들고 초원이 늘어날 수 있다.)

이 모든 과정에는 우연적 요소들이 개입을 하며, 수많은 생태계 내의 각 요소들이 상호작용을 하게 된다. 따로 떨어뜨려 놓고서는 보이지 않는 것들이 많기에 처음부터 이들 전부가 어떻게 관계 맺고 있는지를 파악해야 한다. 이런 생태계에 대한 파악에는 각 요소에 대한 분석적 연구 못지않게 전체를 통합적으로 이해하는 방법론이 요구된다.

흔히 우리가 복잡계 과학complex system science*이라고 이야기하는 학문 분야는 바로 이런 인식에서 출발했다. 생태계뿐만 아니라 우리가 사는 자연환경과 사회환경은 수많은 요소들의 상호작용에 의해 이루어지는데, 이런 복잡한 상호작용은 분석적 방법만으로는 이해에 한계가 있다. 복잡계는 물리학·생물학·경제학 등 다양한 학문 분야에서 현상을 이해하는 새로운 이론틀로 자리 잡고 있다.

● **복잡계 과학**
복잡계란 완전한 질서도 완전한 무질서도 아닌, 그 사이에 존재하는 계로서 수많은 요소들로 구성되어 있고 서로간의 상호작용에 의해 집단적 성질이 나타나는 영역이다. 생명현상도 복잡계로 이야기할 수 있으며 수많은 사람들이 서로 영향을 주고받는 사회도 복잡계로 볼 수 있다.

그렇지만 여전히 분석적 방법론은 현대 과학의 중심을 잡고 있으며, 여전히 현상을 파악하는 강력한 도구이다.

창발성: 전체는 부분의 합보다 크다

앞서 봤듯이 물리학으로 대표되는 근대 과학은 분석적 방법을 중심으로 발전해왔지만, 생물학의 발달은 우리에게 전체를 바라보는 관점의 중요성을 알려주었다. 사실 생물학도 근대 과학의 발전 속에서 나온 것으로서 분석적 방법으로 시작되었다. 그러나 종의 진화를 다루는 진화론과 생태계 전체를 연구의 주제로 삼는 생태학ecology•의 발달은 이러한 분석적 방법의 한계에 대한 고민을 던져주었다.

물론 물리학에서도 복잡계 과학이 분석적 방법의 한계를 극복하는 모습 속에서 발달한다. 애초 뉴턴 역학으로는 물체가 3개 이상 상호작용을 하면 이론적으로도 완벽하게 물체의 운동을 서술해낼 수가 없다. 뉴턴 이래 과학자들의 골머리를 썩게 한 이른바 삼체三體문제다. 즉 세 개의 천체(예컨대 지구·태양·달)가 저마다의 질량을 가지고 우주에 존재할 때 이 세 천체 간의 중력에 의한 상호작용이 어떻게 일어나는가를 다루는 문제이다. 두 물체 사이의 중력에 의한 상호작용은 중학교 정도의 과학 실력만 가지고도 충분히 풀 수 있는 반면, 단지 물체가 하나

● 생태학
생물과 환경의 상호작용을 연구하는 생물학의 한 분야이다. '사는 곳, 집안 살림'을 의미하는 그리스어 oikos가 어원이다. 독일의 생물학자 에른스트 헤켈에 의해 생태학이라는 용어가 처음 사용되었는데 자연계의 질서와 조직에 관한 전체 지식을 탐구하는 것을 목표로 한다.

늘었을 뿐인데 삼체문제는 생각보다 만만하지 않다. 어떻게든 문제를 풀어보려 많은 수학자와 물리학자들이 덤벼들었지만 아무도 풀지 못했다. 결국 19세기 말 앙리 푸앵카레*가 세 물체 이상의 중력에 관한 문제는 그 해解를 구할 수 없다는 것을 증명함으로써 삼체문제는 영원한 미궁에 갇혀버린다. 다만 근사값 정도의 답도 우리에게는 충분하기에 큰 문제는 되지 않았다.

또 하나, 17세기 이후 기체에 관한 연구가 본격적으로 시작되었다. 산업혁명은 증기로부터 시작했으며, 증기의 힘이 어떻게 작용하는지 파악하는 것은 당시 중요한 과제였다. 그런데 기체에 대한 연구에서 한 가지 문제에 봉착하게 된다. 아무리 작은 부피 속의 기체를 연구하려 해도 그 속에 포함되어 있는 기체의 개수가 너무 많은 것이다. 아보가드로의 법칙에 따르면, 기체 종류와 상관없이 섭씨 1도에 1기압 아래의 환경에서는 22.4리터 부피의 기체에 6.02×10^{23}개의 기체 분자가 존재한다. 0이 23개나 붙는 엄청난 숫자다. 따라서 기체 분자 하나하나의 위치와 속도, 온도 등을 파악하기란 불가능했다. 그렇다면 어떤 방법을 써야 할까?

과학자들은 분자 하나하나는 파악하기 불가능하지만 일정한 조건 아래에서 분자들의 평균적 상태는 파악할 수 있다는 점에 주목한다. 온도와 압력 그리고 부피라는 세 가지 조건에 따라 기체 분자들의 평균 속도, 평균 운동에너지 등을 계산할 수 있었다. 그리고 이 평균적 상태가 이들 기체 집단이 외부와 상

● 앙리 푸앵카레(Henri Poincaré, 1854~1912) 프랑스의 수학자, 물리학자, 천문학자이자 과학철학자다. 위상수학과 대수기하학에서 큰 업적을 남겼다. 그가 제시한 삼체 문제는 현대 카오스 이론의 기초를 마련하는 계기가 되었다.

호작용하는 조건을 결정한다는 것도 파악할 수 있었다. 기체에 대한 이런 연구는 액체에도 같이 적용되며, 여러 원자들이 모여 구성되는 우리의 일상생활을 지배한다는 사실을 알아냈다. 이렇게 비슷한 성질을 가진 입자가 모여 있는 집단 전체의 역학을 연구하는 것을 통계열역학이라고 한다.

그런데 이런 연구에서도 곤란한 지점들이 있다. 이 집단에 영향을 미치는 요인이 아주 다양하고 많다면 어떨까? 가령 우리나라 기후에 영향을 미치는 공기 집단에는 시베리아 기단, 오호츠크해 기단, 북태평양 기단, 양쯔강 기단, 적도 기단 등이 있는데 이들은 자리한 위치에 따라 성질들이 다르다. 시베리아 기단이나 오호츠크해 기단처럼 북쪽에 있으면 기단의 온도도 낮고, 양쯔강 기단이나 북태평양 기단처럼 남쪽에 있는 기단들은 온도가 높다. 초여름쯤이 되면 오호츠크해 기단이 아래로 내려오고 북태평양 기단이 위로 올라와 우리나라와 일본 부근에서 힘대결을 벌이면서 장마가 발생한다. 이때 두 기단이 맞붙는 지점들을 우리는 장마전선이라고 부르는데 이 장마전선이 위로 올라갈지 아니면 아래로 내려갈지, 움직이는 속도는 얼마가 될지, 또 비가 얼마나 많이 올지, 기온은 어느 정도 될지를 예측하는 것은 생각보다 훨씬 어렵다. 영향을 미치는 요인이 한두 가지가 아니기 때문이다. 이 두 기단 외에 시베리아 기단과 양쯔강 기단도 지속적으로 영향을 미치고, 동해나 남해의 수온도 영향을 준다. 우리나라와 일본의 지형도 관여하고 제트 기류의 흐름과 그 세기도 문제가 된다.

이런 이유로 날씨를 예보하는 것은 슈퍼컴퓨터를 쓰는 데도 정확하지가 못하다. 기상청의 예보가 틀릴 때마다 사람들은 '기상뻥'이라고 조롱하곤 하지만, 어쩔 수 없는 사정이 있는 것이다. 이런 곳에선 분석적 방법이 길을 잃는다. 여러 요인을 동시에 고려하는 방식으로 현상을 바라봐야 하는 것이다. 각각을 떼어놓고 잘게 나눠 분석적으로 연구해봤자, 이들 전체가 모여 나타나는 날씨는 각 요소들에 대한 이해만으로는 알 수 없는 새로운 현상이 되기 때문이다.

이런 예는 물질의 상태에서도 볼 수 있다. 물 분자 하나는 고체나 액체 또는 기체라는 상태와 관계가 없다. 분자 하나로는 그 물질이 고체인지 액체인지 기체인지 알 수 없다. 그러나 많은 물 분자들이 모이면 서로간의 결합 관계에 따라 고체도 되고 액체도 되고 기체도 된다.

물 분자 하나는 네 개의 주변 분자와 결합할 수 있다. 이 결합은 온도가 높으면 높을수록 잘 이루어지지 않는다. 또 결합이 이루어졌다가도 금방 깨진다. 그래서 보통(1기압의 상황) 물 분자들은 $100°C$가 넘으면 결합을 했다가도 금방 깨져서 기체 상태로 존재한다. $0°C$에서 $100°C$ 사이면 평균적으로 네 군데 중 세 군데 정도가 결합 상태를 유지한다. 물론 깨지고 다시 결합하고를 반복하지만 전체적으로 다른 물 분자 셋과 결합하는 것이다. 이런 상태에서 물 분자들의 집합은 액체의 성격을 띠게 된다. 결정을 이루지 못해 담긴 용기에 따라 그 모양이 변하고, 중력에 따라 아래로 내려간다. 그러나 0°C보다 아래로 내려가면 이제 결합의 평균 지속시간이 증가하고 설혹 끊기더라도 금방 다시 결합 상태로 되돌아간다. 이제 물 분자들은 주변의 네 분자 모두와 결합 상태를 유지한다. 물 분자의 기하학적 구조는 이 결합을 통해 물 분자가 육각형을 띠게끔 한다. 결정이 되고, 형태가 고정된다. 얼음이 되는 것이다.

이렇게 완전히 같은 분자로 이루어져 있지만 수증기냐, 물이냐 아니면 얼음이냐에 따라 서로 다른 성질을 나타내게 된다. 물 분자가 수없이 많이 모인 '물'은 분자의 단순한 합보다 더 많은 것을 보여준다. 이렇게 따로따로 떨어진 부분들에서는 나타나지 않는 성질이 전체로 합해졌을 때 나타나는 것을 '창발성emergent properties'이라고 부른다.

생물학에서는 창발성이란 개념이 더욱 선명하게 드러난다. 세포 하나하나로는 볼 수 없던 특징이 세포가 모여 이루어진 조직이나 기관, 개체에서는 보인다. 신경세포 하나로는 어떠한 기억도 할 수 없고, 생각도 할 수 없지만 신경세포가 모인 뇌는 기억을 하고, 생각하고, 감정을 느낀다. 신경세포 하나가 슬픔을 맡고, 다른 신경세포에 기쁨이 배정되며, 또 다른 세포에 어릴 적 기억이 담겨 있는 것이 아니다. 신경세포들 사이의 연결이 모여 감정이 되고 기억이 된다. 다른 장기도 마찬가지다. 인간의 장기를 구성하는 표피세포·분비세포·근육세포 각각만 봐서는 상상하지 못할 일들을 이들이 모여서 형성된 위장과 소장, 간 등은 훌륭히 수행한다.

인간의 신경세포와 쥐의 신경세포, 인간의 근육세포와 쥐의 근육세포, 인간의 표피세포와 쥐의 표피세포는 서로 대단히 비슷하다. 하지만 이들 세포가 모인 개체로서의 인간과 쥐는 엄청난 차이를 보여준다. 단순한 신경세포, 근육세포만을 비교해서는 쥐와 인간의 차이를 알 수가 없다. 각각의 세포가 어떤 방향으로 얼마나 뻗어나가고, 이웃 세포와 어떤 관계를 맺는지 등 개체 내에서의 다양한 관계를 통해서만 비로소 인간과 쥐의 차이가 드러나는 것이다.

또한 개체로는 알 수 없는 것을 종species 수준에서는 발견할수 있다. 인간과 침팬지·고릴라는 지구 생물 전체로서 볼 때 서로 가장 가까운 개체다. 가장 큰 침팬지와 가장 작은 인간은 서로 체구가 비슷하다. 키가 가장 큰 인간은 키가 가장 작은 고릴라보다 더 크다. 만약 모두 털을 밀고서 옷을 입히고 모자를 씌우고 나면, 지구를 찾아온 외계인들은 인간·침팬지·고릴라를 구분하지 못할 것이다. 그러나 종으로서의 인간은 종으로서의 침팬지나 고릴라가 하지 못하는 일을 한다. 열대우림만이 아닌 남극을 제외한 지구 전체의 육지에 퍼져 살고 있으며, 문명을 일구고, 국가를 건설하고, 이렇게 글을 써서 서로 생각을 공유한다. 단 한 명의 인간과 단 한 마리의 고릴라를 비교한다면 상상할 수 없는 일이 종의 차원에서 드러난다.

또 다르게는 개미를 들 수 있다. 개미는 현재 파악된 바로는 지성을 지닌 생물체가 아니다. 개체의 행동은 거의 대부분 유전자에 의해 미리 심어진 본능으로 이루어진다. 그런 개미들이 수만, 수십만 마리가 모이면 희한하게도 체계가 잡히고 각기 주어진 역할을 하기 시작한다. 여왕개미는 물론이고 일개미들도 사냥을 하는 녀석, 알을 돌보는 녀석, 유충을 돌보는 녀석, 개미집을 지키는 녀석 등 마치 인간 사회처럼 고도로 분업화되어 일을 한다.

한 차원 더 나아가보자. 한 종류의 생물로는 상상할 수 없는 일이 여러 생명이 모인 생태계에서는 발생한다. 사자와 호랑이는 둘 다 육상의 최상위 포식자다. 한국의 사슴과 아프리카의 영양은 모두 초식동물이다. 그러나 이들이 각기 어울리는 생태계는 다르다. 초원의 생태계에선 영양 같은 초식동물이나 사자 같은 육식동물이나 모두 무리를 이루며 산다. 초원 생태계가 포식자와 피식자가 모두 집단을 이루며 살게끔 강제하기 때문이다. 초원이라는 열린 공간에서는 피식자가 포식자의 눈을 피해 숨기가 힘들다. 따라서 피식자들은 무리를 이루어 스스로를 지켜야 살아남을 수 있었다. 한편 이에 따라 포식자도 개별적 사냥을 포기하고 무리를 지어 사냥하는 방향으로 진화했다.

그러나 숲에 사는 호랑이는 홀로 사냥을 하며 그 대상인 사슴 등 또한 홀로 혹은 가족 단위로 다닌다. 역시 숲이라는 생태계의 환경 때문이다. 나뭇가지와 잎이 무성한 숲에서는 대규모

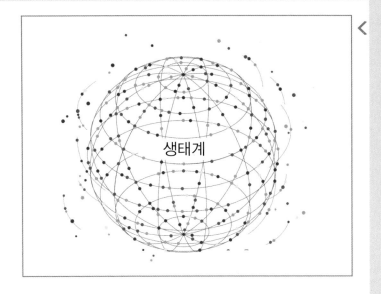

생태계 연구는 종합적 관점이 필요한 대표적인 사례다. 생태계를 구성하는 모든 동식물과 자연환경은 복잡한 네트워크로 연결되어 서로 영향을 주고받기 때문에 하나만 연구해서는 전체의 모습을 볼 수 없다.

로 무리지어 이동하는 것이 불가능하다. 피식자가 홀로 다니니 포식자도 마찬가지로 들판을 가로질러 추격하고 포위하는 방식의 사냥이 아니라 길목을 지켜 순식간에 덮치는 방식으로 사냥을 한다. 이들의 이런 조건은 여타 생물에도 영향을 준다. 길목을 지키는 맹수가 두려운 숲의 피식자는 최대한 흔적을 남기지 않기 위해 아주 작고 까만 환약 같은 형태의 대변을 본다. 반면 초원의 피식자는 대변의 양이 훨씬 많다. 그래서 배설물을 먹이로 삼는 분해자들도 숲과 초원에서 다르게 나타난다. 생태계는 이렇듯 서로 영향을 주고받으며 항상 역동적으로 변화하기 때문에 개별 종 하나만 봐서는 제대로 파악할 수가 없다.

부분이 모인 전체는 부분의 합보다 크다. 복잡한 것을 쪼개

서 단순하게 만드는 분석적 방법만큼이나 단순한 것이 모여 이
루는 복잡한 전체를 이해하는 종합적 방법이 과학에는 필수적
이다.

2장

과학적 방법론의
역사

귀납과 연역, 과학의 시작

우리는 과학이라고 하면 당연히 실험을 통해 뭔가를 증명하고 새로운 사실을 발견하는 작업이라고 생각한다. 하지만 과학이 처음 시작되었다고 여겨지는 고대 그리스에서는 실험이라는 것이 존재하지 않았다. 알렉산드로스 대왕 이후 헬레니즘 시대가 되어서야 최초의 실험이 시도되었다. 하지만 그마저도 그리 각광받는 일은 아니었다.

그리스 자연철학자들이 실험이라는 방법을 모른 것은 아니었다. 단지 그들은 실험이란 방식으로 자연을 이해할 수 없다고 생각했을 뿐이다. 그들에게 가장 중요한 것은 자연을 설명하는 것이었다. 그것도 '특수한 조건' 아래에서 일어나는 현상이 아니라 자연스런 상황에서 일어나는 보편적 현상을 설명하는 것이었다. 왜 비가 내리는지, 연기는 왜 하늘로 올라가는지, 왜 돌은 굴러떨어지고 불은 위를 향해 타는지, 별과 달과 태양은 왜 하루에 한 바퀴씩 지구 주위를 도는지, 왜 일 년에 한 번씩 별자리의 위치가 주기적으로 바뀌는지를 일관된 논리로 설명하고자 했다.

그래서 오히려 그들은 실험을 혐오했다. 긴밀하게 연결되어 있는 자연스러운 상황에서 현상 사이의 숨은 이치를 찾아내야 하는 것이 과학(그 시대로는 자연철학)이지, 그중 일부만 떼어놓고 또한 부자연스런 조건을 걸어놓고 하는 실험은 오히려 자연을 왜곡시키는 일이라 여겨 혐오했던 것이다. 분석적 방법은 근대가 되기까지는 아직 과학의 주류적 방법이 아니었다. 그들은 온 세상을 연결하는 하나의 이치를 알아내기 위해 온갖 다양한 현상을 관찰하고 설명하고자 했다. 그래서 모든 분야를 꿰뚫는 박학다식함이 필요했다.

아리스토텔레스가 그 대표적 인물이다. 그는 동물학을 시작으로 오늘날 철학·심리학·정치학·시학·물리학·화학·종교학 등으로 분류될 수 있는 다양한 지식에 대해 '설명'한다. 그리고 그 설명들은 모두 이어져 하나의 세계관을 형성한다. 잠시 그가 생각한 세계관과 거기서 나오는 과학적 설명을 살펴보자.

그가 바라본 세상은 천상계와 지상계로 나뉘는데 둘의 차이는 구성하는 원소에 있다. 지상계는 물·불·흙·공기라는 네 원소로, 천상계는 에테르*라는 단일 원소로 이루어져 있다. 에테

● 에테르
고대 그리스에서 별 등의 천체를 이루는 원소로 여겨진 상상의 물질. 나중에 우주의 존재를 알게 된 이후에도 물리학자들은 빛이 파동이라면 빛을 전달시키는 매질이 있어야 한다고 생각해, 그 확인되지 않은 매질을 에테르라고 불렀다. 그러나 빛은 매질 없이 전달된다는 것이 실험으로 밝혀져 에테르 개념은 과학에서 완전히 퇴출된다.

르는 완전한 원소이므로 에테르로 구성된 천체는 완전한 운동인 원운동을 하지만, 불완전한 물·불·흙·공기 네 원소로 이루어진 지상계의 물체는 본래 수직운동밖에 할 수 없다. 여기에 외부에서 힘을 가하면 그 힘이 물체에 작용하는 동안 강제적으로 운동을 한다.

이것이 왜 태양과 달 등의 천체는 원운동을 하는데, 지상의 물체는 가만히 놔두면 떨어지든지 아니면 불꽃이나 수증기처럼 위로 올라가는 운동만 하는지에 대한 아리스토텔레스의 답이다. 그는 이 모든 것을 관찰을 통해서 해결했다. 그가 바라본 하늘은 낮에는 태양이, 밤에는 별과 달이 매일 한 바퀴씩 지구 주위를 도는 원운동을 하고 있었다. 또한 계절이 1년을 주기로 바뀌는 것 또한 태양이 원운동을 하며 1년을 주기로 그 위치를 변화시키기 때문이었다. 하늘의 무엇도 원운동 이외의 다른 운동을 하지 않았던 것이다. 따라서 그에게는 왜 천체는 모두 원운동을 하는가에 대한 답만이 필요했다. 마찬가지로 지상의 모든 물체는 하늘로 오르거나 땅으로 내려오는 운동을 자연스럽게 하며, 외부의 힘이 작용할 때만 수평으로 이동했다. 이러한 지상과 천상의 차이를 설명하면 되는 일이었다. 따라서 그에게 실험은 무의미한 일이었다.

그가 최초로 기초를 닦은 동물학도 마찬가지다. 그는 생물들을 보면서 먼저 피가 흐르는 동물과 피가 흐르지 않는 동물로 구분했다. 자세한 사정이야 여기서 다 설명하기 힘들지만, 일단 그가 보기에 고등한 동물(현재 시점에서 보았을 때는 척추동물)은 피가 있는 반면 주로 벌레라 칭해지는 하등한 동물들은 피가 흐르지 않았다. 그저 체액이 있을 뿐이었다. 그래서 큰 두 부류로 나눌 때 피의 유무를 기준으로 했다. 그리고 세세한 구분으로 들어가서 번식 방법을 중심으로 다시 동물들을 나눈다.

그가 보았을 때 인간과 가장 유사한 동물들, 즉 가장 고등하다 여겨지는 포유류들은 모두 새끼를 낳았고 다른 동물들은 그렇지 않았다. 새끼를 낳는 동물 밑으로는 알을 낳으나 뱃속에서 부화시켜 새끼를 내놓는 난태생을 위치시킨다. 살모사 등 뱀 중 일부와 상어·가오리 같은 연골어류들이다. 아리스토텔레스 입장에선 새끼를 낳는 동물과 가장 유사한 방식이었기 때문에 사지가 있지만 알을 낳는 동물보다 더 윗길로 친 것이다. 그 뒤를 알을 낳는 새와 도마뱀 등이 차지한다. 알을 낳지만 딱딱한 알껍질이 없는 물고기와 개구리가 그 뒤를 따른다.

이런 그의 동물 분류법은 확실히 과학적인 체계를 가진다. 인간이 기르는가 그렇지 않은가, 먹을 수 있는가 그렇지 않은가, 독이 있는가 그렇지 않은가 등 인간과의 관련성으로만 나누던 이전의 분류와는 확연히 다르게 동물 그 자체의 본성을 기준으로 나누기 때문이다. 이 모든 분류작업은 관찰에 기초해서 이루어졌다.

그는 당시의 다른 자연철학자들과 달리 연역에만 의존하지 않았다. 끊임없이 관찰했고, 관찰된 현상 사이의 공통점과 차이

아리스토텔레스의 조각상. 그는 우주에서부터 동식물과 지리와 광물에 이르기까지 세상 모든 것에 대한 지식 체계를 세웠다. 가히 '만학(萬學)의 아버지'라 불릴 만하며, 후대 학자들은 이 아버지를 뛰어넘기 위해 많은 노력을 해야 했다.

점을 살피며 그 이면의 숨은 원리를 파악하려 했다. 이 책의 여는글에서 썼듯이 과학은 귀납적이다. 귀납적 방법이 주어진 현상과 사물을 관찰하고 그것을 통해 기본 원리를 파악하는 것이라 했을 때 아리스토텔레스는 충분히 귀납적 지식인이었고, 그런 의미에서 과학적 태도를 지니고 있었다고 봐야 한다.

하지만 그가 귀납적이기만 한 것은 아니었다. 그는 관찰한 자료를 토대로 연역적 사고를 펼친다. 역학과 천문학, 화학과 생물학(물론 당시엔 이런 구분은 없었다)을 넘나들며 이들 모두를 하나의 얼개로 엮어낸 것이다. 그의 세계관에서 모든 현상은 뒤에 숨은 하나의 원리에 의해서 설명되고 이해된다. 그래서 근대 과학자들이 아리스토텔레스의 세계관을 벗어나는 것이 그렇게도 힘들었던 것이다. 개별 현상에 대해서 다른 설명을 제시한다 해도, 일부에만 국한된 설명을 가지고 아리스토텔레스의 세계관 전체와 맞서기란 쉽지 않은 일이었다. 아주 많은 과학자들, 코페르니쿠스·케플러·갈릴레이·데카르트·뉴턴·보일·라부아

지에 등의 연구로 아리스토텔레스의 세계관에 조금씩 균열이
생기고 깨지면서 결국 20세기가 되어서야 겨우 그 그늘을 완전
히 벗어날 수 있었다.

아리스토텔레스의 과학이 가지는 가장 중요한 지점은 그 설
명이 논리적이고 정합적이며, 자연을 움직이는 원리는 자연 자
체에 내재되어 있다고 확신한 것이었다. 그에게는 자연의 움직
임을 설명하는 데 어떠한 신도 필요하지 않았다. 우리가 아리스
토텔레스를 비롯한 그리스의 자연철학자들을 최초의 철학자이
자 과학자라 여기는 것은 바로 이 때문이다. 즉 자연 외부의 존
재(즉 신)을 빌리지 않고 자연 자체의 논리에 의해서 자연을 설
명한 것이 그들의 가장 중요한 기여였다. 자연을 설명하는 데
신의 존재를 이용하지 않았으며, 오히려 신을 적극적으로 배제
한 것이다. 데우스 엑스 마키나Deus Ex Machina[●]는 이제 연극 밖에서
는 그 힘을 잃어버렸다. 아리스토텔레스가 시학에서 말한바 '이
야기의 문제는 오로지 이야기 내에서 끝내야 하는 것'처럼 자연
의 문제는 자연 내에서 끝내야 한다는 것이 그리스 자연철학자
들의 기본 사상이었다. 자연에 내재된 원리를 찾아낸다는 과학
의 제1목적은 이렇게 고대 그리스에서 시작되었다.

아리스토텔레스가 원격으로 작용하는 힘에 한사코 반대한
이유 중 하나도 이 때문이다. 어떤 힘이 물체에 작용하려면 오
직 '접촉'에 의해서만 가능하다는 것이 아리스토텔레스 이후 과
학자들이 가졌던 어떤 원칙이었다. 물론 뉴턴이 만유인력의 법

● 데우스 엑스 마키나
'기계장치에 의한 신'이
란 뜻으로, 고대 그리스
의 연극에서 마지막에 기
계장치를 타고 신 역할을
하는 캐릭터가 등장해 사
건을 해결하는 방식을 일
컫는다. 현재는 문학작품
등에서 결말을 짓거나 갈
등을 풀기 위해 기존의
전개와 관련 없는 사건
을 일으키는 허술한 스토
리를 비꼬는 말로 사용된
다.

칙을 발견하고, 맥스웰과 패러데이가 전자기력을 규명하면서 이를 해체해버리긴 했지만 그 이후에도 과학자들은 접촉에 의한 힘의 전달이란 개념을 놓지 않았다. 실제로 현대 물리학의 두 기둥인 양자역학과 상대성이론은 다시금 접촉에 의한 힘의 전달이란 개념을 복원시켰다. 양자역학에서는 모든 힘은 매개 입자⁺에 의해 전달된다. 상대성이론에서 중력은 주변 시공간의 곡률을 변화시키고, 이렇게 변화된 시공간의 곡률에 의해 대상 물체의 운동이 변한다.

접촉에 의한 힘의 전달은 한편으로는 관찰된 현실에 가장 잘 부합되는 것이기도 했지만, 다른 한편으로는 신의 배제라는 측면에서도 바라볼 부분이 있다. 고대 그리스에서는 신의 이적異跡이 자연스럽게 받아들여지고 있었다. 벼락이 치면 제우스가 창을 휘둘러서라고 생각하던 시대다. 사람들은 신의 이적은 자연의 일반적인 모습과는 다른 방식으로 작동한다고 생각했다. 즉 허공을 넘어서 천상의 신이 지상의 인간에게 직접적으로 작용하는 힘이었고, 그 과정을 설명하는 논리가 필요없는 힘이었다. 자연 외부에서 작동하는 힘이기 때문에 그 과정에 대해 자연 현상으로 설명할 수 없었던 것이다. 그러나 아리스토텔레스를 비롯한 자연철학자들은 모든 변화는 외부의 힘이 물체에 직접 접촉함으로써 일어난다고 선언한다. 이제 신은 자연의 내적 원리에 따른 변화 이외에 다른 방식으로 지상계에 개입할 수 없게 되었다.

이런 사고방식은 고대 그리스 자연철학자들의 저작을 읽으면 쉽게 발견할 수 있다. 플라톤은 창조주 데미우르고스가 이데아를 모방하여 이 우주를 만들었다고 이야기했는데, 쓸 수 있는 질료가 물·불·흙·공기라는 불완전한 네 원소라서 데미우르고스가 만든 우주는 이데아를 완전히 모사하지 못하고 불완전한 모습이 되었다. 신이라기보다는 좋은 재료를 가지지 못한 건축업자와 같은 모습일 뿐이다. 더구나 그는 우주를 만들어놓고는 그저 관조할 뿐이다. 만들어진 우주에 어떠한 개입도 하지 못한다. 아리스토텔레스의 '부동不動의 동자動者' 역시 마찬가지다. '부동의 동자'는 최초로 우주가 만들어질 때 천체가 매달린 천구가 원운동을 하도록 이끈 원인이자 다른 모든 운동의 원인이 되는 존재이지만, 스스로는 운동하지 않는다. 부동의 동자는 그저 만물의 운동 원인일 뿐 신조차 되지 못했다. 플라톤과 아리스토텔레스로 대표되는 고대 그리스 자연철학에는 신의 자리가 없었으며, 그렇기에 그것이 과학의 시작이 되었다.

실험과학의 탄생

아리스토텔레스로 대표되는 그리스의 자연철학, 곧 과학은 중세가 지나고 12세기경부터 유럽의 정신세계를 지배하기 시작했다. 그러나 르네상스가 진행되면서 아리스토텔레스적 세계관에 대한 비판적 고민이 시작된다. 영국에서부터였다. 16세기 영국의 의사이자 철학자이고 동시에 과학자였던 윌리엄 길버트는 근대 과학의 선구자 중 한 명이다. 엘리자베스 1세의 주치의이기도 했던 그는 『자석, 자성체, 거대한 자석 지구에 관하여 De Magnete Magneticisque corporibus, et de Magno Magnete Tellure』(줄여서 『자석에 관하여』)란 책을 통해 지구가 하나의 거대한 자석임을 주장한다. 그는 원래 화학에 더 관심이 많았었지만 당시의 화학이란 연금술과 동의어였다. 실증 불가능한 환상적 이야기에 질린 그는 전기와 자기에 대한 연구로 선회한다. 18년간의 연구 결과가 그의 대표 저서 『자석에 관하여』다.

그는 이 책에서 지구가 자석임을 증명하기 위해 자신이 행한 다양한 실험에 대해 설명한다. 당시 유럽에 퍼져 있던 자석과 나침반에 대한 속설을 하나하나 실제 검증하여 모두 거짓임을 밝혀낸다. 그리고 '테렐라Terrella'(라틴어로 '작은 지구'라는 뜻)라는 지구 모형을 통해 지구가 하나의 거대한 자석이라는 사실을 밝혀낸다. 테렐라는 작은 공 모양으로 생긴 자석이다. 길버트는 이 둥근 자석 주위에 나침반을 놓아 그 방향이 바뀌는 정도를 파악하고, 이를 그 위치에 해당하는 실제 지구의 각 경도와 위도 상에서의 나침반 방향과 비교함으로써 지구가 둥근 자석임을 확인했다.

또한 전기 현상과 자기 현상이 서로 다르다는 것 또한 실험을 통해 확연히 보여준다. 이를 위해 그가 고안한 또 하나의 실험도구는 '베소리움vesorium'(라틴어로 '회전시키다' 정도의 뜻)이다. 전기를 확인하는 일종의 검전기로, 정전기의 세기와 방향에 따라 회전하는 정도가 달라지는 장치였다. 정전기가 강하면 회전각이 크고 약하면 회전각이 작았다. 나침반과 흡사하게 생겼지만 자성을 지니지 않아 자석에 영향을 받지 않고, 오직 정전기에 의해서만 움직이는 장치였다. 그는 이 장치를 통해 자기와 전기가 서로 다른 종류의 힘이라는 것을 증명해 보인다. 그로부터 전기와 자기는 완전히 분리되어 따로 연구되며, 19세기가 되어서야 다시 통합되어 전자기학을 탄생시킨다. 그는 약 2세기 이상 전기와 자기에 관한 연구의 권위자였으며, 그의 책은 유럽 전체의 교과서였다. 그런 그의 자석과 전기에 관한 연구는 철저히 실험적이고 경험적이었다.

『자석에 관하여』를 살펴보면 그가 행한 실험에 대하여 누구라도 즉시 따라할 수 있을 정도로 상세히 서술되어 있다. 그의 의도는 분명하다. 당신도 나와 같은 방식으로 실험해보라. 그리하면 나와 같은 결론에 이르리라. 앞서 1장에서 설명했던 재현성은 윌리엄 길버트부터 시작한다. 이러한 길버트의 실험 태도는 갈릴레이에게도 큰 영향을 줬다. 갈릴레이 스스로가 길버트의 『자석에 관하여』를 통해 많은 것을 깨달았다고 자신의 책에 써놓았을 정도다. 길버트는 실험 방법의 위력에 대해 책의 서문에서 다음과 같이 말한다.

"비밀스런 것들의 발견에서 그리고 숨겨진 원인들의 탐구에

월리엄 길버트의 『자석에 대하여』. 그는 이 책에서 자신의 실험 방법을 그림과 함께 자세히 설명함으로써 다른 이들이 따라서 재현해볼 수 있게 했다.

서 더 강력한 이유들은 철학적 사색가들의 그럴듯한 추론과 의견이 아닌 확실한 실험과 증명된 논증에서 나온다."

그로부터 시작된 영국 실험과학의 전통은 현재도 현대 과학의 튼튼한 밑바탕이다. 하지만 그가 아무런 스승 없이 스스로 실험의 중요성을 깨달은 것은 아니다. 우린 그 이전의 두 사람을 기억할 필요가 있다.

월리엄 길버트보다 약 300년 전의 인물인 로저 베이컨Roger Bacon이 첫번째 사람이다. 프랑스 파리대학의 페트루스 페레그리누스Petrus Peregrinus에게 사사받고 로버트 그로스테스트Robert Grosseteste에게 영향을 받은 그는 아리스토텔레스의 귀납과 그에 따른 연역이라는 절차에 이어 경험이라는 세번째 탐구단계를 덧붙여야 한다고 주장했다.

그는 경험, 즉 실험은 세 가지 특권을 가지고 있다고 주장했다. 먼저 귀납을 통해 얻은 지식과 연역을 통한 이론화가 진실한지를 경험을 통해 확인할 수 있다고 말한다. 이를 실험과학(로저 베이컨은 최초로 실험과학이라는 단어를 쓴 인물이다)의 '제1특권'이라고 불렀다. 이때의 경험은 일종의 실험, 테스트라고 볼 수 있다. 그는 또한 적극적인 경험(실험)에 의해 과학의 사실적 기반이 증대될 수 있다고 보고, 이를 실험과학의 제2특권이라고 제시했다. 경험 이외의 방법으로는 알 수 없는 지식이 있으며, 경험을 통해 이 지식을 획득함으로써 지식 기반이 넓어진다는 것이다. 실험과학의 제3특권은 "다른 어떤 학문과도 연관이 없는 특질에서 비롯되며, 스스로의 힘에 의지해 자연의 여러 비밀을 탐구하는 것"이다.(야마모토 요시타카, 『과학의 탄생』, 232쪽, 동아시아, 2005년) 즉 아리스토텔레스가 주장했던 귀납적 방법과 이에 의지한 연역적인 방식이 아닌, 경험이라는 별개의 방식을 통해서 자연을 비밀을 파헤칠 수 있다는 주장이다.

결국 로저 베이컨이 말한 실험과학의 세 가지 특권이란 기존 아리스토텔레스적 방법으로는 확보할 수 없는 지식의 검증, 확장, 새로운 사실의 발견을 경험(즉 실험)을 통해서 할 수 있다는 것이다. 로저 베이컨 자신이 실제로 이런 실험과학을 실천했는지에 대해서는 의문이지만, 그의 주장은 이후 영국 경험론의 모태가 된다.

로저 베이컨의 뒤를 이은 이는 오컴의 윌리엄William of Ockham이다. 로저 베이컨이 13세기 영국을 대표한다면 오컴은 14세기 영국

● 오컴의 면도날
흔히 단순성의 원리라고
도 한다. '많은 것을 필
요 없이 가정해서는 안
되며, 더 적은 수의 논리
로 설명이 가능한 경우,
많은 수의 논리를 세우
지 말라'는 오컴의 말에
서 유래한다. 즉 어떤 현
상을 설명할 때 불필요
한 가정을 해서는 안 된
다는 뜻으로 같은 현상을
설명하는 두 개의 주장이
있다면 그중 간단한 쪽을
선택하라는 것이다.

을 대표한다고 볼 수 있다. 흔히들 많이 인용하는 '오컴의 면도
날*'의 그 오컴이다. 오컴은 기실 그의 출생지다. 과거에는 성姓
은 일부 귀족만이 가지고 있었고, 피타고라스를 사모사의 피타
고라스라는 식으로 출신지와 같이 이야기하듯이 오컴 또한 귀
족이 아니다보니 별도의 성이 없어 출신지를 뒤에 붙였는데, 이
후 오컴이 이름처럼 돼버린 것이다. 오컴도 로저 베이컨처럼 과
학자라기보다는 철학자이자 신학자였다. 당시 옥스퍼드를 중
심으로 발전하는 과학의 영향을 많이 받아 유명론唯名論을 혁신
한다. 유명론은 간단히 말해 추상적인 것은 사유 속에 개념으
로 존재하는 데 지나지 않고 실재實在하는 것은 인식되는 개체일
뿐이라는 주장이다. 오컴에 따르면 참된 명제는 직접 명료하게
증명되지 않으면 안 된다. 이를 위해선 개체에 이론을 적용하여
확인하지 않으면 안 된다. 즉 경험 혹은 실험을 통해서만 우리
는 진실에 이르게 된다는 것이다.

이렇듯 로저 베이컨과 오컴을 통해 수립된 경험론 철학은 기
존의 아리스토텔레스적 방법론에 대한 거의 최초의 수정 혹은
전복이었다. 아직 분석적 방법론으로 발전한 것은 아니지만, 직
접 경험해보고 실험해보라는 주장은 아리스토텔레스가 주장
한 귀납과 그에 따른 연역이라는 두 단계로는 부족하다는 뜻
을 내포한다. 하지만 로저 베이컨과 오컴의 정체성은 과학자라
기보다는 신학자와 철학자에 가까웠다. 이들이 실제로 실험을
한 것은 아니라는 이야기다. 이들의 주장을 받아들여 자신의 연

구 영역에서 실제로 실험을 한 최초의 인물이 바로 윌리엄 길버트였다. 이런 실험이 요구되는 시점은 기존 과학 지식의 한계가 드러나고 이를 비판하며 뛰어넘으려 할 때라고 할 수 있다. 이렇게 봤을 때 둘의 시대에는 시기상조인 면이 없지 않았다. 당시는 이제 막 고대 그리스와 헬레니즘 시대의 과학 지식이 이슬람 사회를 거쳐 유럽으로 돌아오고 있던 시기였기 때문이다. 그리고 이 지식들은 15~16세기 르네상스 시기에 이르러 완전히 내적으로 흡수된다. 아리스토텔레스의 과학 체계가 충분히 소화되자 이제 이를 극복하려는 모습이 나타나기 시작한 것이다. 윌리엄 길버트가 바로 그 첫번째 사람이다.

이렇게 실제 경험하고 실험하는 과정에서 사물에 대한 비밀을 밝혀내려는 자세는 영국적 전통으로서 르네상스와 과학혁명기를 거쳐 면면히 이어졌다. 그러다 프랜시스 베이컨에 의해 다시 한 번 재정립되면서 현대 실험과학으로 이어진다. 프랜시스 베이컨의 이야기는 조금 뒤에 다시 살펴보도록 하자.

신념의 포기와 가설의 수정

과학혁명, 그중에서도 천문학 혁명을 이끈 이들은 대부분 수학자 출신이다. 코페르니쿠스가 그러했고 갈릴레오가 그러했

● 신플라톤주의
3세기 이후 플로티노스
의 『엔네아데스』를 기초
로 전개되었던 사상체계
이다. 플라톤의 이데아와
현상계라는 이원론을 계
승하며 이데아를 세분화
하여 모든 존재를 계층
적으로 파악하려고 했다.
르네상스 후기와 과학혁
명기에 과학자들, 특히
수학자들에게 많은 영향
을 끼쳤다.

다. 그리고 당시의 수학자들은 대부분 신플라톤주의[•]자들이었다. 그들은 플라톤을 따라서 수학, 특히 기하학을 중시했다.

플라톤은 일찍이 다섯 가지 정다면체를 자신이 생각하던 기본 원소에 대입했다. 정다면체는 딱 다섯 개만 존재한다. 정칠각형 이상은 정다면체를 만들 수 없고, 정삼각형으로는 정사면체·정팔면체·정이십면체를, 정사각형으로는 정육면체를, 정오각형으로는 정십이면체를 만들 수 있다. 이는 고대 그리스 때부터 익히 알려져 있던 사실이다. 그래서 플라톤은 불은 정사면체, 공기는 정팔면체, 물은 정십면체, 흙은 정육면체 그리고 에테르(우주를 이루는 원소)는 정십이면체에 해당된다고 생각했다. 그리고 각각 정사면체, 정팔면체, 정이십면체에 해당하는 불과 공기와 물은 상호 전환이 가능하다. 이들은 모두 정삼각형으로 이루어져 있기 때문이다. 그러나 정사각형으로 이루어진 정육면체의 흙과 정오각형으로 이루어진 정십이면체의 우주는 다른 원소로 전환이 되지 않았다. 더구나 정십이면체를 구성하는 정오각형은 다시 정삼각형으로 분할이 가능하지만 흙, 곧 정육면체의 기본 요소인 정사각형만은 정삼각형으로 분할되지 않는다. 이것이 흙이 대표하는 지상계가 가지는 숙명이라고 플라톤은 말한다.

즉 플라톤은 다섯 원소인 물·불·흙·공기·에테르가 가지는 속성을 정다면체를 통해서 설명하려 했던 것이다. 또한 플라톤이 세운 학교인 아카데미아의 입구에는 "기하학을 모르는 자,

이 문으로 들어오지 말라"고 새겨져 있던 것으로도 유명하다. 플라톤으로선 자신이 세계의 본질이라 여겼던 이데아의 현재적 표현이 순수한 연역 체계인 수학이라 생각했고, 이를 우주의 신비로 들어가는 문이라 여겼을 것이다.

신플라톤주의 또한 수학, 특히 기하학에 관심을 기울였고 그를 통한 세계의 해석을 대단히 중요하게 여겼다. 르네상스 시기와 그 이후를 통틀어 수학자들이 신플라톤주의에 자신의 철학적 신념을 새긴 것은 어찌 보면 당연한 일일 것이다. 그중 한 명이 요하네스 케플러였다. 그런 케플러이다보니 젊은 시절 우주의 구조를 기하학적 모델로 설명하고자 했던 것은 당연하다. 그중에서도 케플러는 이 정다면체에 주목했다. 마침 당시 알려져 있던 행성은 수성·금성·지구·화성·목성·토성 여섯 개였다.(지구를 행성으로 본 것에서 알 수 있듯이 케플러는 지동설을 굳게 믿고 있었다.) 신플라톤주의자였던 그는 이데아와 천상계 그리고 지상계의 세 범주가 성부와 성자와 성신의 삼위일체와 깊은 관련성이 있다고 믿었으며, 마찬가지로 정다면체가 다섯인 것과 행성이 여섯인 것 사이에도 필연적 연관이 있으리라 생각했다. 그래서 그는 행성들의 공전 궤도를 정다면체와 연관 지어 설명하는 그림을 그려낸다.

먼저 제일 안쪽의 원 궤도를 수성이 돈다. 그리고 수성의 원 궤도에 외접해서 정팔면체가 있다. 다시 이 정팔면체에 외접하는 원 궤도를 금성이 돈다. 또 금성의 원 궤도를 외접하는 정이

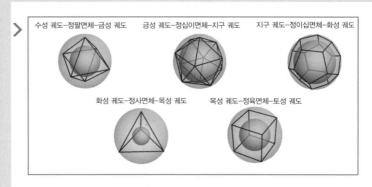

수성 궤도–정팔면체–금성 궤도   금성 궤도–정십이면체–지구 궤도   지구 궤도–정이십면체–화성 궤도

화성 궤도–정사면체–목성 궤도   목성 궤도–정육면체–토성 궤도

십면체가 있고, 지구의 원 궤도는 여기에 외접한다. 같은 식으로 기하학적 구조가 이어진다. 정십이면체와 화성 원 궤도, 정사면체와 목성의 원 궤도, 정육면체와 토성의 원 궤도. 이것이 젊은 시절 『우주 구조의 신비』에서 케플러가 주장한 바였다. 그 이름마저 '플라톤스러운 정다면체Platonic solid'이니, 젊은 케플러가 몇 년을 고민하며 이를 책으로 출간까지 한 것도 어찌 보면 당연한 일이다.

그런 케플러가 나이가 들어 고민에 빠진다. 이유는 티코 브라헤Tycho Brahe가 남긴 자료 때문이었다. 티코 브라헤는 케플러보다 연배가 높은 천문학자였다. 당대에 가장 눈이 밝은, 아직 망원경이 발명되지 않았던 시절 천문관측의 최고 권위자였다. 그는 오로지 밤하늘의 별과 행성, 그리고 혜성만을 보며 일생을 보냈다. 그의 관측 오차는 기껏해야 1분(1도의 60분의 1) 정도에 불과했다. 그런 그가 남긴 몇십 년간의 관측 자료가 우여곡절 끝에 케플러의 차지가 되었다. 몸이 약하고 시력이 나빠 관측은 엄두도 못 내던 케플러로선 엄청난 행운이었다. 물론 티코 브라헤가 수학 실력이 낮아 스스로 관측자료를 처리할 수 없었던 것 또한 행운이었고.

문제는 그 자료를 가지고서 화성의 궤도를 계산하는데 아무리 해도 원 궤도가 되질 않는 것이었다. 자료와 계산의 차이는 8분, 대략 0.1도 정도의 차이였다. 지름 1미터짜리 원을 그리면, 그 원을 그리는 선의 두께 정도밖에 되진 않았지만, 이는 티코 브라헤의 최대 오차인 1분의 여덟 배였다. 한 번 관측한 것도 아니고 몇십 년에 걸친 반복 관측의 결과였으니 브라헤가 틀렸을 리는 없었다.

신플라톤주의자들에게는 2000년 전부터 내려오던 플라톤의 지상명령이 있었다. '원으로 현상을 구제하라.' 고대 그리스 사람들도 행성들의 운동이 원 궤도라고 하기에는 너무 이상한 궤적을 그린다는 사실을 알고 있었다. 플라톤도 알았다. 행성들은 서쪽에서 동쪽으로 가다가 다시 서쪽으로 방향을 틀기도 하고, 진행 속도도 날마다 조금씩 틀렸다. 이를 극복하기 위해 주전원周轉圓이나 이심원離心圓 같은 개념이 도입되기도 했으나 여전히 실패했고, 억지로 맞춘 모습이 역력했다.

코페르니쿠스가 지구가 중심이 된 천동설을 버리고 지동설을 택한 것도 그래야만 우주의 모습을 우아하고 깔끔하게 설명해낼 수 있어서였다. 케플러가 코페르니쿠스의 지동설을 지지한 것 또한 마찬가지 이유다. 코페르니쿠스의 우주는 우아했다. 행

● 주전원과 이심원
주전원은 행성이 지구를 중심으로 도는 원 위에 있는 점을 중심으로 다시 작은 원을 그리면서 돈다는 개념이고, 이심원은 행성들의 공전 중심이 지구가 아니라 지구에서 약간 떨어진 곳에 있다는 개념이다. 천동설을 지지하던 천문학자들은 이 주전원과 이심원 개념을 통해 행성들의 움직임이 왜 온전한 원 궤도로 보이지 않는지 설명하려고 시도했다.

성들이 모두 태양을 중심으로 원운동을 했다. 케플러는 이를 명징하게 보여주고자 티코 브라헤의 관측자료를 토대로 계산을 했지만 실패한 것이다. 우주의 중심을 지구에서 태양으로 옮겼는데도 행성들은 여전히 원에서 조금 벗어난 운동을 하고 있었다.

케플러의 고민은 깊어졌다. 계산에 계산을 거듭해도 원이 아니었다. 이제 그에게는 두 가지 선택이 남았을 뿐이다. 자신이 믿고 있는 신념을 버리고 관측자료를 따라갈 것인가, 아니면 자료를 버리고 신념을 따라갈 것인가. 그는 전자를 택했다. 케플러는 행성들이 원이 아니라 타원으로 움직인다고 선언했다. 아리스토텔레스의 우주관에 또 하나의 균열이 일어난 것이다. 완전함을 상징하는 원운동은 이제 행성의 것이 아니었다. 그와 더불어 플라톤의 기하학적 우주에도 금이 갔다. 행성들은 플라톤의 의지대로 움직이지 않았다.

이 선언에서 더욱 중요한 점 하나. 대부분의 사람들은 간과한 지점이 있다. 케플러가 행성들의 운동을 타원이라고 선언하는 순간, 과학의 근대적 방법론 하나가 시작되었다는 사실이다. 자신이 세운 가설과 실제 현상이 충돌하면 무엇을 선택해야 하는가? 케플러는 관측이 완벽하다고 판단한다면 관측을 따라야 한다는 것을 스스로의 선택으로 보여주었다. 그리하여 우리가 중고등학교 과학교과서에서 배우는 과학적 방법론의 토대가 만들어졌다.

가설을 세우라. 세워진 가설에 맞게 실험을 설계하라. 실제 실험을 행하라. 결과를 분석하라. 결과가 가설과 다르다면? 실험이 잘못되었는지 확인하라. 실험에 잘못이 없다면? 가설을 수정하라!

물론 모든 과학의 발전이 이런 방법으로만 발전한 것은 아니다. 아인슈타인이 일반상대성이론•을 발표하고 나서, 영국의 천문학자 아서 에딩턴이 아인슈타인의 이론대로 빛이 정말 중력에 의해 휘어지는지 확인하기 위해 일식이 일어날 예정인 아프리카 프린시페섬으로 떠났다.(평상시에는 태양이 너무 밝아서 빛의 휘어짐을 관측할 수 없다.) 그는 전세계 과학자들이 주목하는 가운데 드디어 일식을 관측했고, 그 결과 일반상대성이론이 예측한 대로였음을 발표했다.

기자가 아인슈타인에게 소감을 물었다. 아인슈타인은 "별로 신경 쓰지 않았어요. 관측 사실이 틀렸다면 그건 관측을 잘못했기 때문이었을 거니까요"라며 자신의 이론에 대한 확신을 전했다. 물론 아인슈타인의 확신은 옳았다. 그 이후의 다양한 실험과 관측을 통해 일반상대성이론이 맞다는 증거가 계속 나왔고, 반대로 틀렸다는 증거는 현재까지 하나도 나오지 않았다.

그러나 잘못된 확신을 지닌 과학자들도 자신의 가설 대신 실험을 탓하길 즐겨한다. 예로부터 지금까지 가설과 실험이 어긋남에도 불구하고 자신의 가설이 맞다는 확신을 굽히지 않은 경우는 무수히 많다. 그러나 이제 그런 확신은 개인이 홀로 고수

● 일반상대성이론
아인슈타인이 1915년 발표한 중력에 관한 이론. 일반상대성이론은 중력을 시공간의 곡률로 기술한다. 즉 중력에 이끌리는 현상은, 시공간이 질량을 지닌 물체 쪽으로 휘어졌기 때문에 나타난다는 것이다. 시공간은 물질의 질량과 에너지가 클수록 많이 휘어지는데(달리 말하면 중력이 큰데), 그래서 빛도 질량이 큰 천체 옆을 지날 때는 휘어지게 된다.

할 수 있을 뿐 과학 전체로는 인정받지 못한다. 누구도 플라톤처럼 '나의 가설로 세상을 구제하라'고 명하지 못한다. 이는 어쩌면 당연한 것이다. 인간이 완벽한 존재가 아님은 이미 누구나 알고 있다. 그리고 자신의 전문 분야에서 가장 완벽한 권위를 가지고 있더라도 오류의 가능성은 언제나 존재한다. 따라서 가설이 아무리 연역적으로 옳다고 하더라도 그리고 가설을 세운 이가 아무리 해당 학문 분야에서 독보적인 권위를 가지고 있다 하더라도, 아직 확증되지 못한 '가설'일 뿐이다. 그리고 거듭 실험과 가설이 어긋날 때 실험 탓을 하며 우겨서는 안 된다.

플라톤은 현상을 구제하라 했지만, 케플러 이후부터 과학에서는 언제나 현상이 이론을 구제해야 한다.

실험과 관측의 중요성

갈릴레이가 망원경의 발명 소식을 들은 것은 피사대학의 수학교수로 재직할 때였다. 당시의 수학교수는 같은 교수라도 자연철학교수에 비해 대우가 나빴다. 연봉이 3분의 1밖에 되지 않았다. 당시 대학의 본과는 신학·법학·의학 세 가지였고, 이를 배우기 위한 예과 즉 교양과목 정도에 해당하는 것으로 기하학·천문학·대수학·음악의 이과理科 학문과 논리학·수사학·문법학이 있었다. 수학은 교양학부 정도에서 배우는 것인 반면, 자연철학은 신학·법학·의학을 전공하는 과정에서 배워야 하는 전공 필수에 해당했다. 특히 르네상스 후반기가 될수록 기본 7 과를 배운 후 자연철학을 따로 배우는 경우가 일반적이 되면서 자연철학교수와 수학교수는 권위에서도 많이 차이가 났다. 현재의 대학으로 본다면 정년을 보장받은 교수와 임시직 교수 정도의 차이랄까. 갈릴레이는 자신의 월급으로만 생활을 꾸릴 수가 없어 다양한 부업을 하고 있었다. 그로선 어떻게든 자연철학교수가 되고 싶었다.

네덜란드의 장인이 두 개의 렌즈를 이용해 멀리 있는 물체를 가까이 보듯이 확대하는 망원경을 만들었다는 소식을 접한 갈릴레이는 세 가지 목적을 이룰 수 있으리라 생각했다. 첫째는 망원경을 직접 만들어 팔면 짭짤한 부수입이 생길 수 있을 거란 점이다. 그러나 이는 가장 소박한 목적이었다. 물론 실제로 그는 망원경을 팔아 과외 소득을 얻기는 하지만 그리 큰돈은 아니었다.

그의 두번째 목적은 세속적 성공이었다. 그는 망원경을 통해 멀리 있는 물체를 볼 수 있다면 군사 무기로 사용이 가능할 것이고, 귀족들의 고급스런 취미활동도 될 수 있으리라 여겼다. 그렇게 도시의 지도자들에게 인정을 받는다면 철학교수직도 가능할 수 있으리라. 이 목적을 위해 그는 훨씬 선명하고 보이는 범위가 넓지만, 보이는 상이 상하좌우 뒤바뀌기 때문에 제대로 보기 위해 일정한 훈련을 거쳐야 하는 네덜란드 장인의 망원경을 포기했다. 대신 보이는 범위도 좁고 덜 선명하지만 상하 좌우가 그냥 보는 것과 동일한 망원경을 제작했다. 이윽고 그의 의도는 달성되었고, 그는 토스카나공국의 대공 코지모 2세 데 메디치의 초청을 받아 궁정 소속의 수학자가 된다. 연봉도 세 배가 뛰었다.

그의 세번째 목적은 좀 달랐다. 그는 망원경으로 하늘을 보기 시작했다. 사실 이것이 갈릴레이에게는 가장 큰 목적이었을지도 모른다. 그는 코페르니쿠스·케플러와 마찬가지로 신플라톤주의자였고, 동시에 지동설을 확고하게 믿는 사람이었다. 더구나 그 둘과는 달리 아리스토텔레스와의 전면전을 벌일 생각을 가지고 있었다. 피사대학에서 아리스토텔레스의 논리학을 배우며 불만을 품었을 때부터 그런 생각을 가졌을지도 모른다.

그는 자신이 가장 자신 있는 분야이자, 코페르니쿠스와 케플러가 이미 균열을 낸 천문학에서 승부를 보기로 했다. 당시 천문학은 두 가지로 나뉘는데 아리스토텔레스와 프톨레마이오스의 고대 우주론을 바탕으로 여러 자연철학적 의미를 설파하는 것이 하나고, 나머지 하나는 관측된 궤도를 바탕으로 천체가 어떻게 운행하는지를 계산하는 수학적 분야였다. 그는 당연히 후자였다. 당시 일반교양 과목으로서의 천문학은 음악·기하학·대수학과 함께 수학의 한 분야였으며, 일종의 기술로 받아들여졌다. 수학자였던 그로서는 자신의 전문 분야에서 승부를 보는 일이었다. 여기에 망원경은 아리스토텔레스라는 거인에 대항

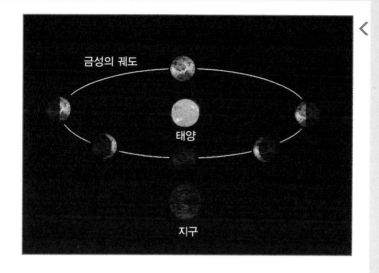

금성의 보름은 태양중심설로만 설명할 수 있다. 그리고 갈릴레이가 이를 관측해내면서 지구 중심의 우주 모델은 허물어지기 시작한다.

금성의 궤도

태양

지구

하는 그의 무기였다. 다른 이들이 보기에는 허접한 원통이었을지 모르나, 골리앗에 덤벼드는 다윗의 돌멩이에 비하면 훨씬 강력한 것이었다.

그는 먼저 지동설을 확실한 증거의 발판 위에 놓는 것으로 시작하려 했다. 그가 생각하는 지동설의 가장 확실한 증거는 금성의 보름달 모습이었다. 금성이나 달처럼 스스로 빛을 발하지 않는 천체가 빛을 내는 건 태양 때문이었다. 이들이 태양빛을 반사하는 것이다. 그런데 이들이 보름달 모양, 즉 온전한 원반으로 보이려면 빛을 반사하는 면 전체가 지구를 향해야 한다. 따라서 금성이 보름달 모습으로 보이려면 지구에서 봤을 때 태양의 뒤쪽에 있어야 한다. 그래야 태양빛을 받는 면이 지구를 향하게 된다. 거울을 가지고 상상해보자. 거울에 비친 사람의 모습(빛)을 보려면 보는 사람과 비치는 사람 모두 거울 앞쪽에 있어야 한다. 거울 뒤쪽에선 거울에 비친 상을 볼 수 없다. 이때 거울은 금성이 되고 거울에 비친 상(빛)은 태양, 보려는 이는 지구다.

그런데 지구를 중심으로 금성과 태양이 도는 천동설의 우주관에서는 이게 불가능했다. 천동설에 따르면 태양은 금성보다 먼 궤도로 지구를 돌았기 때문이다. 천동설이 맞다면 금성은 항상 태양 앞쪽에서 지구를 돌았기 때문에 보름달 모양으로 관측될 수 없었다.

그러나 태양이 우주의 중심이고 금성과 지구가 각기 다른 속도로 태양 주위를 공전한다면 금성의 보름달 모습을 볼 수 있다. 따라서 금성이 보름달의 모습으로 보이는 것을 확인할 수 있다면 이는 지동설의 확실한 증거가 되어 천동설의 관뚜껑에 못을 박을 수 있게 된다.

그러나 금성이 보름달이 되는 모습을 보기란 여간 어려운 것이 아니다. 우선 지구에서 봤을 때 금성은 태양과 비슷한 시간에 뜨고 지므로 태양이 뜨기 전 아주 잠깐 그리고 태양이 진 직후 아주 잠깐만 관측이 가능하다. 더구나 태양이 지평선 뒤로 진 뒤에도 대기를 통과한 빛의 무리가 관측을 방해한다. 날이 흐리거나 비가 와도 관측이 불가능하다. 거기다 금성이 태양의 뒤쪽에 있다는 것은 지구에서 봤을 때 멀리 있다는 뜻. 아주 작고 흐릿하게밖에 볼 수가 없다. 거기다 금성의 공전주기와 지구의 공전주기를 감안하여 금성을 볼 수 있는 날을 정해야 한다. 즉 금성을 보겠다는 확고한 의지가 없다면 우연히 관측한다는 것은 불가능한 일이다. 갈릴레이는 수년의 노력 끝에 해내고 만다. 금성의 보름달 모습을 확인한 것이다.

그의 두번째 관측 대상은 달과 태양이었다. 아리스토텔레스에 따르면, 천상의 물체는 완벽하여 어떠한 흠집도 없다고 하지 않았던가. 그러나 밤하늘의 여왕 달과 낮의 황제 태양, 천계의 가장 빛나는 두 천체에서 흠집이 발견되었다. 갈릴레이는 달의 운석 구덩이와 태양의 흑점을 망원경으로 확인했다. 망원경으로 본 달은 포탄이 떨어진 것 같은 운석 구덩이(크레이터라고 부른다)가 표면 가득했다. 태양에도 흑점이 한두 개가 아니었다. 또한 그 수많은 흑점들이 모두 서에서 동으로 이동하는 것도 관측한다. 둥근 공에 여러 개의 반점이 있는데, 이 반점들이 모두 동일한 방향으로 이동하고 있다면 공 자체가 돈다고 생각하는 것이 합리적이다. 태양은 자전하고 있었던 것이다. 태양의 자전까지 흑점의 이동으로 확인하게 되었으니, 흑점을 태양과 지구 사이에 낀 대기의 영향이라고 주장할 수도 없었다.

얼굴 전체에 주근깨가 잔뜩 낀 태양과 흉터투성이 달이라니. 갈릴레이는 쾌재를 불렀을 것이다. '내가 아리스토텔레스를 무너뜨리고 있다. 2000년을 지배한 거인의 받침대에 균열을 내고 있다.' 그런 자신감이 갈릴레이로 하여금 교회와 맞서게 했을지도 모른다.

갈릴레이는 또 최초로 사고실험을 한 이로도 알려져 있다. 관성에 대해 연구했던 그는 만약 외부의 힘이 작용하지 않는다면 물체는 원래 자신이 가진 속도를 그대로 유지할 것이라고 생각했다. 그러나 현실에서는 이를 실험하는 것이 불가능했다. 지상에서는 어떤 물체라도 운동할 때 마찰력이나 공기 저항 같은 외부의 힘을 받기 때문이다.

갈릴레이는 최대한 이상적 조건에 가깝게 실험을 전개한다. 마찰력이 큰 거친 표면과 마찰력이 작은 매끄러운 표면에 각각 공을 굴려서 마찰력이 작아지면 물체의 속도가 줄어드는 정도가 감소하는 것을 관찰했고, 포물선 형태의 레일에 쇠구슬을 굴려 레일과 쇠구슬 사이의 마찰력이 작으면 작을수록 쇠구슬이 원래의 높이에 거의 비슷하게 다시 올라오는 것을 관찰했다. 하지만 완벽히 마찰이 없는 실험도구는 없다. 따라서 마찰이 없는 상태의 실험은 실제로 행할 수 없으니 사고실험을 진행한다.

만약 레일과 쇠구슬 사이에 마찰력이 없다면 쇠구슬은 처음 놓았을 때의 위치까지 올라올 것이다. 그렇다면 이제 레일의 제일 아래쪽을 평평하게 하여 굴리면 어떻게 될까? 그래도 쇠구슬은 원래의 위치까지 올라올 것이다. 아래쪽 평평한 면을 계속 연장하면? 그래도 쇠구슬은 그 면을 지나 원래의 높이까지 올라올 것이다. 그리고 아래쪽 평평한 면에서는 일정한 속도를 유지한다. 그렇다면 올라올 부분을 없애고 아래쪽 평평한 면을 무한대로 늘이면 어떻게 될까? 쇠구슬은 일정한 속도로 무한한

레일을 달릴 것이다. 이것이 갈릴레이의 사고실험이었다. 그는 이 사고실험을 통해 관성의 법칙을 완성한다. 이렇듯 갈릴레이는 근대적 천문학자이자 근대적 물리학자이기도 했다.

우리는 여기서 다시금 근대 과학의 시작을 본다. 근대 과학은 관측을 통해서 증명한다. 갈릴레이는 동시대의 윌리엄 길버트와 함께 이러한 과학적 방법론에 입각한 연구를 행했던 거의 최초의 인물이며, 그럼으로써 우리에게 가장 잘 알려진 과학자 중 한 명이 됐다. 케플러가 주어진 자료와 자신의 신념 사이에서 신념을 포기하고 자료를 선택한 것도 하나의 상징이지만, 갈릴레이가 자신의 신념을 관측을 통해 증명한 것 또한 중요한 상징이다. 이 둘이 동시대의 인간이라는 것 또한 의미심장하다.

과학혁명의 시작에서 이제 사람들은 선험적으로 주어진 명제를 무조건 믿고 따르기를 거부하고, 자신의 손으로 새로운 과학을 만들기 시작했다. 그리고 그 무기는 관측이었다. 이론으로 현실을 이해하는 것이 아니라 현실로부터 이론을 만들고 관측으로 증명한다. 그래서 많은 과학자들이 갈릴레이를 근대적 과학자의 시조로 생각하는 것이다.

과학자여, 모이고 모이라

갈릴레이와 케플러가 근대적 과학방법론의 토대를 쌓았다면 과학에 새로운 방향을 제시한 것은 17세기 초 영국의 철학자이자 정치인이었던 프랜시스 베이컨이다. 변호사, 하원 의원, 검사, 검찰총장, 대법관까지 과학과 무관한 인생을 살았던 베이컨은 예순 살에 뇌물죄로 지위와 명예를 잃고 나서야 연구와 저술에 매진했다. 그러나 사망까지 약 5년간의 그 삶이 그 이전까지의 60년보다 과학의 역사에 더 커다란 족적을 남겼다.

그는 아리스토텔레스에 대한 안티테제로서의 자신의 모습을 갈릴레이보다 좀 더 노골적으로 드러낸다. 그가 쓴 책의 제목이 『신新기관Novum Organum』이다. 그때까지 유럽 세계에서 가장 기본적으로 알아야 할 교양으로서 자리 잡았던 아리스토텔레스의 『기관organon』을 대체하겠다는 포부였다. 그는 이 책에서 기존 아리스토텔레스의 논리학이 어떠한 새로움도 우리에게 안겨주지 못한다고 주장한다. 새로운 지식을 얻기 위해선 경험과 관찰이 필요하다는 것이 그의 주장이다. 사물을 하나하나 확인하며 이를 통해 근본원리를 찾자는 것. 그의 이름과 함께 귀납법이 떠오르는 건 당연하다. 베이컨은 개별 사물, 개별 현상에 대해서 알아가는 것이 새로운 지식을 만드는 원천이라고 봤다.

그리하여 아무나 어느 때고 인용하는 "아는 것이 힘이다Sapientia est Potentia"라는 말에서, 원저작권자인 베이컨이 이르는 '아는 것'은 개별적 현상과 사물을 말한다. 세상 모든 물질과 현상을 모을 수는 없지만, 가능한 한 많이 모으는 것이 사물의 근본원리에 보다 가깝게 다가가게 해준다는 뜻에서다. 그리고 하나 더.

사람들이 흔히 오해하는 것처럼 베이컨이 연역을 배제했다는 것은 사실이 아니다. 그는 다만 연역을 위해서라도 가능한 많은 자료가 필요하다고 여겼으며, 구체적 자료가 없이 행하는 추상적 연역을 배제했을 따름이다.

그가 제시하는 진리에 이르기 위한 단계를 살펴보자. 우선 먼저 편견 없이 자료를 수집한다. 수집한 자료를 가지고 일반화하고 이를 통해 가설을 세운다. 그 가설로부터 새로운 관찰, 새로운 실험을 연역적으로 이끌어낸 뒤 실제 경험 및 자료와 비교하여 타당하다면 가설은 정당화된다. 보다시피 우리가 중고등학교 때 과학시간에 배우는 방법론과 별 차이가 없다. 다만 가설을 설정하기 전에 관련자료를 최대한 많이 모으자는 정도만 다르다고 할까?

실제로 과학자들은 가설을 맨땅에 헤딩하듯이 세우진 않는다. 나름대로 가설을 세우기 충분할 만큼의 자료는 확보한 다음에 가설을 세운다. 하지만 베이컨에 따르면 개인으로서의 과학자는 이런 연구에 한계를 가질 수밖에 없다. 그래서 그는 다시 요구한다. 모이라, 혼자 하는 연구는 정확하지 않다, 모여서 같이 하자, 편견 없이 자료를 수집하기 위해서는 홀로 수집해서는 안 된다, 서로 다른 과학자들이 모여 각자가 수집한 자료를 비교하며 자료 수집 과정의 오류가 없었는지 확인해야 한다!

개인이 모을 수 있는 경험과 자료에 한계가 있다는 사실만이 그가 개인으로서의 과학연구가 힘들다고 한 이유만은 아니었다. 인간은 불완전한 존재이며 개별 과학자가 귀납적 추론을 하는 과정에서 방해하는 요인들이 있기 때문이다. 흔히들 인용하는 네 개의 우상이 그것이다.

첫째로 '동굴의 우상idola specus'이란 개인이라는 한계에서 비롯된다. 자신이 겪은 개인적 경험을 여과 없이 일반화하는 잘못을 말한다. 과학에서는 이를 극복하기 위해 재현성을 요구한다. 나 개인의 경험이 아니라 누구라도 납득할 수 있는 보편성을 띠어야 한다는 것. 그러나 실제 과학자가 연구를 할 때는 개인적 경험이 항상 영향을 끼칠 수밖에 없다. 남성 과학자들이 대부분인 조건에서 연구자들은 자신도 의식하지 못한 채 남성 중심으로 연구를 했다. 그러다보니 연구 결과가 여성에게는 맞지 않는 경우가 왕왕 있었다. 또한 20세기 대부분의 기간 동안 서양의 백인 과학자들 중심으로 과학연구가 많이 이루어지다보니 인간에 대한 여러 연구도 백인들의 데이터를 중심으로 수행되었다. 그 자체가 이미 데이터의 왜곡을 낳는다. 실제로 인공지능을 이용한 얼굴인식 프로그램도 백인의 인식률이 여타 인종들의 인식률보다 훨씬 높게 나타난다.

둘째, '종족의 우상idola tribus'이란 인간이라는 한계에서 기인하는 것이다. 즉 우리가 인간인 이상 사물을 볼 때 인간 중심적으로 보게 된다는 것이다. 예를 들어 인터넷으로 '동물의 분류'라고 검색을 해보면 절반 이상이 동물을 척추동물과 무척추동물로 분류한다. 하지만 생물의 분류학으로 살펴보면 동물에는 총

38개의 문phylum이 있는데, 척추동물은 그중 하나일 뿐이다. 그럼에도 나머지 37개문을 싹 다 묶어 무척추동물로 분류하는 것은 우리가 척추동물이기 때문에 나타나는 인간 중심적 사고인 것이다. 전세계 150개가 넘는 나라를 우리나라와 외국으로 분류하는 것이나 마찬가지. 또한 천동설도 지극히 인간 중심적인 생각이다. 아리스토텔레스의 우주관으로 보더라도 완전함을 상징하는 천상계가 불완전한 지상계를 중심으로 원운동을 한다는 것은 가당치 않은 일이다. 그러나 항상 자신, 자신과 같은 인간, 그 인간이 사는 대지를 중심으로 사고하다보면 이렇듯 당연히 품을 수 있는 의심조차 품지 못하게 된다.

셋째, '시장의 우상idola fori'이란 언어의 한계성에서 나온다. 가령 고대 그리스에는 인력이나 척력이라는 개념에 해당하는 단어가 없었다. 그래서 엠페도클레스는 4원소설을 이야기하며 각원소들이 형체를 이루는 것은 '사랑'과 '미움'에 의해서라고 주장한다. 지금의 용어로 해석해보면 사랑은 인력이고 미움은 척력에 해당된다. 이를 사랑 내지 미움이라 했을 때 그 뜻이 제대로 전달되기란 쉽지 않다.

유사과학pseudo science, 類似科學이라는 용어도 생각해보자. 원래 영어 단어가 먼저 생겼고, 일본에서 이 단어를 번역하면서 유사과학이라고 이름 붙였다. 그리고 우리나라는 일본을 통해서 유입된 유사과학이라는 단어가 자연스럽게 쓰이게 되었다. 그런데 유사과학은 '과학이 아니다'라는 뜻보다는 '과학에 가깝다'라고 해석될 여지가 대단히 큰 단어다. 실제로 많은 이들이 그렇게 오해하고 있다. 정확한 의미를 담으려면 '거짓과학'이라 부르는 편이 더 좋을 수도 있다. 이렇듯 잘못된 언어를 사용함으로써 우리는 오류와 편견에 빠질 수 있는 것이다.

넷째, '극장의 우상idola theatri'이란 기존의 전통과 관습 혹은 고정관념 때문에 나타나는 오류다. 기존의 권위에 기대어 세상을 볼 때 나타난다. 아인슈타인이 일반상대성이론을 발표한 뒤 다른 이들이 그 방정식을 검토하다가 이 식대로라면 우주가 팽창하거나 수축할 수 있다는 것을 파악했다. 이를 전해들은 아인슈타인은 자신의 이론을 검토하고는 바로 우주가 고정되도록 '우주상수'를 식에 삽입했다. 그는 우주는 항상 변치 않고 그대로라고 생각했기 때문이다. 나중에 우주가 팽창하고 있다는 증거가 나타났고, 아인슈타인은 우주상수를 철회하면서 자신의 가장 큰 실수라고 고백했다. 아인슈타인 같은 대가도 고대 그리스 이래 내려오던 '우주의 불변성'이란 고정관념에 자기도 모르게 길들여졌던 것이다. 지금도 과학의 많은 분야에서 기존의 학설에 얽매여 새로운 발견을 무시하는 경우가 꾸준히 그리고 광범위하게 나타나고 있다.

이러한 네 가지 우상은 과학자가 홀로 연구할 때 피할 수 없는 것이다. 따라서 과학자들이 모여서 서로의 연구를 검토하고 비판할 때 보다 바른 길로 나갈 수 있다고 베이컨은 주장한다.

그의 책 『신기관』의 삽화에는 다음과 같은 글귀가 적혀 있다.

'Plus ultra'. '보다 더 나아가라'라는 뜻이다. 원래 지중해의 끝 대서양과 맞닿는 지브롤터 해협의 두 바위, '헤라클레스의 기둥'에는 이런 말이 새겨져 있었다고 한다. 'Nec plus ultra', '더 나아갈 수 없음.' 이곳이 세계의 끝이니 배들은 다시 돌

아가라는 경고의 문구다. 베이컨은 그 문구에서 Nec(Not)를 떼어내고 외친다. '아리스토텔레스는 이제 우리의 경계가 아니다. 우리는 더 나아갈 것이다. 모이고 모으라. 우리가 관찰하고 경험하며 실험한 것이 우리의 지식이 될 것이다. 개개의 인간은 한계가 있으나 집단으로서의 인간은 지식을 통해 발전할 것이다.'

실제로 그가 유럽 과학자 사회에 끼친 영향은 지대하다. 당시 가장 중요한 과학자 단체였던 영국의 왕립학회와 프랑스의 왕립아카데미는 모두 베이컨이 내세운 새로운 과학 사조思潮의 영향 아래 있었다. 이들 과학자 단체는 베이컨의 호소에 응답한 과학자들의 모임이었다. 그리고 이런 과학자 단체가 대학의 외

부에 세워짐으로써 서구의 과학은 또 한 차례 변화를 맞는다.

중세의 수도원이 교부철학의 교육기관이자 연구기관이었다면, 이에 반기를 들며 세워진 중세 말기와 르네상스 시기의 대학은 아리스토텔레스 철학과 과학의 근거지였다. 한때 교부철학에 맞서 유럽 정신의 돌격대 역할을 하던 대학은 서서히 아리스토텔레스 철학의 권위에 기댄 거점이 됨으로써 낡은 체제의 학문적 상징이 되어버린다. 이에 과학자들은 스스로 대학 밖에 새로운 학술단체를 세움으로써 이전의 대학이 하던 역할(의 일부)을 담당하고자 한다. 이들에게 과학자 단체가 해야 할 역할과 임무 그리고 그 방식을 제공한 것이 바로 프랜시스 베이컨이었다. 오늘날까지 이어지는 과학단체의 신조와 규칙 등은 그로부터 시작된 것이다.

과학적 회의주의

베이컨과 함께 과학혁명 시대를 이끈 철학자로 르네 데카르트René Descartes를 들지 않을 수 없다. 데카르트는 철학자로 잘 알려져 있지만, 당시 많은 지식인들이 그랬듯, 그는 수학자이자 과학자(물리학자)이기도 했다. 근대 철학의 아버지, 해석기하학의 창시자로 불리는 데카르트는 17세기의 시대정신을 대표하는 인물이기도 하다.

르네상스가 최고조에 달하던 시기, 유럽에는 갖가지 사상이 유행하고 있었다. 그중에서 당대의 지식인들을 한편으로 매혹하면서 다른 한편으로 머리를 싸매게 만들었던 피론주의라는 사상이 있다. 당시 유행하던 다른 사상들과 마찬가지로 기원은 고대 그리스에 있으며, 당시의 철학자 피론의 이름을 따서 명명되었다. 보통 피론주의는 회의주의 철학으로 알려져 있다.

흔히들 인용하는 '인간은 만물의 척도'라는 표현을 보자. 이는 다르게 해석하면 인간 개인이 자신을 중심으로 모든 것을 판단한다는 것인데 불완전한 존재인 개인이 하는 판단에는 당연히 오류가 있을 수밖에 없다. 이는 우리가 객관적 진리를 알 수 없다는 회의주의로 귀결된다. 더구나 이미 익히 알듯이 우리의 감각기관은 불완전하고, 동일한 사물을 감각하더라도 개인차가 존재한다. 게다가 각자의 경험에 따라 현상에 대한 해석도 다르다. 따라서 각자가 어떤 현상이나 사물에 대해 내리는 판단은 어떠한 경우에도 오류를 품고 있을 수밖에 없고, 그 오류가 무엇인지조차 모를 수밖에 없다.(물론 이때 인간을 개인이 아니라 인간이란 종 자체로 판단할 수도 있다. 그런 해석도 실제로 존재한다.)

피론주의는 바로 이런 극단적 회의주의를 말한다. 이들은 감각이나 이성 또는 이 둘의 결합으로 얻을 수 있는 지식이 올바른 것인지 확실하지 않다고 주장하며, 심지어 '모든 것을 알 수 없다'는 자신들 명제마저 올바른지 판단할 수 없다고 주장한다. 그리고 그 결론으로서 알 수 없는 세계에 대해 '판단중지 Epoché'할 것을 명한다.

만약 우리가 객관적 진리를 알 수 없다면 우리가 추구하는 철학이며 과학은 무슨 의미가 있겠는가? 너와 나의 주장 중 무엇이 맞는지 판별할 수 없다면 학문을 연구한다는 것이 궤변을 늘어놓기 위한 기술을 익히는 것 이외에 어떤 의미가 있는지를 묻는 것이다. 대부분의 회의주의가 그렇듯이 무언가에 대해 부정할 때 그 부정이 틀렸다는 걸 증명하는 것은 쉽지 않은 일이다. 당시 지식인 사회에서 피론주의가 그런 역할을 하고 있었다.

한편으론 당시 막 시작된 과학혁명은 또 다른 사상의 위기를 불러왔다. 코페르니쿠스 이래 천문학자와 물리학자 대부분은 이미 지동설을 지지해왔으며—교회의 판단과는 상관없이—이를 천문학적 진리의 반열에 올렸다. 그리고 케플러와 갈릴레이에 이르러 지동설은 확고부동해졌다. 하지만 이는 동시에 과학혁명의 사상적 한 축을 담당했던 신플라톤주의와 그 바탕의 아리스토텔레스적 세계관에 균열을 일으키는 일이었다. 아리스토텔레스의 복권으로 시작된 르네상스는 스스로의 진보에 의해 자기 자신이 구체제가 되는 지경에 이른 것이다.

사상의 문제만이 아니었다. 개신교의 등장은 종교에 대해서도 가치판단의 유보를 가져왔다. 루터와 칼뱅과 교황 중 누가 진짜 신을 받드는지 사람들은 알 수 없었다. 더구나 무신론이 본격적으로 사람들의 입에 오르내리기 시작했다. 이런 당시 세계의 분위기는 피론주의 특유의 회의懷疑를 증폭시켰다. 르네상스 초기까지만 해도 로마 가톨릭교회와 그 사상적 토대가 되는 스콜라철학, 그리고 스콜라철학의 뿌리인 아리스토텔레스에 이르기까지 굳건한 권위dogma가 있었으나 이제 그 권위는 과학과 철학과 종교 제반 영역에서 균열을 일으키고 있었다. 무엇이 참된 진리인지 알 수 없는 상황이었던 것이다.

베이컨은 이에 대한 답으로 『신기관』을 내놓았지만 귀납과 이에 의한 가설의 설정이란 기술을 제시하고, 과학자들이 모여 같이 연구해야 한다는 정도의 답밖에 내놓지 못했다. 아리스토텔레스를 대신할 자연과학 그리고 철학 모두를 아우르는 전체 체계에 대한 답은 데카르트가 내놓는다. 그는 자신의 주장을 신독단론Neo-dogmatism이라고 했다. 기존의 권위가 무너졌으니 그를 대신하는 새로운 권위new dogma를 자신이 세우겠다는 것이다. 베이컨도 『신기관』으로 아리스토텔레스를 넘어서겠다는 결연한 의지를 보여주었지만, 스케일로 보자면 데카르트가 한 수 위였던 셈이다.

데카르트는 회의에 회의를 거듭한 끝에 말한다. 이렇게 회의하고 있는 나 자신이 있다는 사실만은 명확하다. "나는 생각한다, 고로 존재한다Cogito ergo sum!" 이 말은 자기 자신의 존재에 대한 증명이 아니라 모든 것을 회의하는 회의론자에 대한 답이었다. 모든 걸 의심해도, 더 이상 의심할 수 없는 사실이 하나는 있다는 것이다. 그리고 이 확실한 사실에 기초해서 우리가 다른 사실들을 증명해나갈 수 있다고 이야기한다.(그는 이런 방법으로 완전한 존재 즉 신에 대해 증명하지만, 그 증명이 틀렸는지 맞았는지에 대해 이야기하는 것은 이 글에선 별 필요 없는 부분이라 넘어간다. 실제로는 증명하지 못했다고 다들 생각한다.)

그는 『방법서설』이라는 책에서 우리가 속지 않고 자연의 내적 원리를 파악할 수 있는 과학적 방법론을 제시한다. 이 책의 정확한 명칭은 '이성을 올바르게 이끌어 여러 가지 학문에서 진리를 구하기 위한 방법의 서설'이니, 제목에서 이미 우리에게 그가 무엇을 말할지 알리고 있다. 그렇다면 그 방법은 무엇일까?

먼저, 확실한 진리라 여겨지지 않는 무엇도 진리로 받아들이지 말 것. 의심의 여지가 없다고 드러난 것 외에는 어떠한 것에 대해서도 판단하지 말 것을 요구한다. 이를 '명증의 규칙'이라고도 한다.

둘째로, 문제를 될 수 있는 한 많이 분할하여 해결할 수 있을 정도로 작게 만들 것을 요구한다. 이를 '분석의 규칙'이라고 한다.

셋째로, 가장 쉽고 간단한 것으로부터 시작하여 복잡한 인식에 이르도록 정확한 순서를 잡을 것을 요구하는데 이를 '종합의 규칙'이라고 한다.

마지막으로, 하나의 누락도 허용하지 않도록 완전하고 엄밀하게 검토할 것을 요구한다. 이를 '매거枚擧의 규칙'이라고 한다.

여기서부터 현상을 나누어 분석하고 이를 다시 종합하는 근대적 과학방법론이 시작된다. 그리고 그는 이 『방법서설』의 방법을 통해 아리스토텔레스를 대신한 자연체계를 구축한다.

그는 논리 전개의 시작 지점에서 '회의하는 자기 자신'을 회의하지 않은 것처럼, 물질에 대해서도 회의를 통해 회의할 수 없는 물질의 본질에 도달하는데 그것은 두 가지이다. 하나는 물질은 공간을 배타적으로 점유한다는 것. 다른 하나는 물질은 움직인다는 것이다. 그는 이 두 가지 이외의 다른 성질은 제외한다. 이로부터 물질이 가지는 속성인 형태와 크기, 배열, 운동을 확장하고 열이나 색깔, 질감 등이 다시 나타난다고 보았던 것이다.

따라서 그에게 있어 이 세계는 끊임없이 움직이는 물질들이 만들어내는 세계였다. 그리고 이를 확장하여 불이 붙거나 녹이 쓸고 색이 바뀌는 등의 화학적 현상이나 알에서 애벌레가 나오고, 번데기가 되고 다시 나비가 되는 생물학적 현상까지 모두 이런 물질의 운동이 만들어내는 것이라 여겼다.

데카르트에게는 다만 인간만이 영혼을 가지고 있어 특별한 존재였다. 이를 흔히 심신이원론*이라고 한다. 세상에 존재하는 모든 물질은 일종의 공간의 연장extension이지만 인간의 영혼이 가지는 본성은 사유cogitation이다. 이 둘은 독자적 실체로 서로 어떠한 연관성도 없다고 생각했다. 그리고 이 영혼은 오로지 인간만 가지고 있는 것이었다. 따라서 개나 고양이가 아무리 사람 말

● 심신이원론
몸과 마음이 서로 분리되어 독립적으로 존재한다고 보는 사고방식.

을 알아듣고 감정을 가지는 것처럼 보여도 그 본질은 '기계'일 뿐이었다.

지금의 시각으로 보면 무리가 있는 설정이며, 당시의 기준으로 봐도 의문이 들지 않는 설명은 아니었다. 그러나 당시까지 아리스토텔레스를 대신할 전숲체계적 대안은 뉴턴 이전까지는 데카르트 이외에는 없었다고 해도 과언이 아니다. 그의 기계론적 세계관은 온 유럽을 휩쓸고 과학자들에게 엄청난 충격을 줬다. 베이컨에 의해 모이고, 데카르트에 의해 정신무장된 과학자들은 이제 무서울 것이 없었다. 예전의 스승 아리스토텔레스는 이제 유럽의 과학에서 사라졌다고 생각했다. 그러나 이들은 아리스토텔레스의 뿌리가 얼마나 깊은지에 대해 사실은 잘 모르고 있고, 뒤에서 보겠지만 실제로 아리스토텔레스의 세계관은 20세기에 이르러서야 완전히 극복될 수 있었다.

3장

과학한다는 것

오늘 맞아도 내일 틀릴 수 있다

가장 위대한 과학 법칙 다섯 개를 꼽으라고 하면 어떤 것들이 들어갈까? 사람마다 다르겠지만, 그중 뉴턴의 '힘과 가속도의 법칙'은 꼭 들어갈 것이다. 흔히 $F = ma$로 알려져 있지만 이식의 멋짐을 감상하려면 $a = \frac{F}{m}$으로 써야 한다. 저 식이 의미하는 바는 아주 단순하다. 물체의 가속도(a)는 질량(m)에 반비례하고 외부 힘(F)의 크기에 비례한다는 것이다. 저 식은 뉴턴 역학의 시작이자 끝이다. 그런데 저 식은 유도된 것이 아니라 선언된 것이다. 즉 어떤 이유가 있고 그 이유에 의해 저 식이 생긴 것이 아니라, '가속도는 원래 질량에 반비례하고 힘에 비례한다'라고 그냥 선언해버린 것이다. 물론 아무렇게나 선언한 것은 아니다. 뉴턴을 비롯한 물리학자들이 수만 번, 수십만 번의 실험을 거쳐 확인한 결과다. 즉 내적 인과관계가 아니라 귀납적으로 선언한 것이다. 그리고 아인슈타인의 특수상대성이론이 나올 때까지 단 한 번도 저 식에 어긋난 결과가 나타나지 않았다.

뉴턴을 뉴턴이게 한 또 하나의 식은 '만유인력의 법칙'이다. $F = G\frac{Mm}{r^2}$ 라는 이 식이 의미하는 바도 간단하다. 질량을 가진 두 물체 사이에는 두 물체의 질량(M과 m)의 곱에 비례하고 거리(r)의 제곱에 반비례하는, 서로 끌어당기는 힘(F)이 존재한다는 것이다.(G는 중력상수로 고정된 값이다.) 이 식 역시 다른 원인이 있어 나온 것이 아니다. 그냥 실험을 해봤더니 혹은 관측을 해봤더니 저렇더라는 것이다. 그냥 선언이다. 그러나 저 식 역시 아인슈타인의 일반상대성이론이 나오기까지 단 한 번도 과학자들과 인류를 실망시키지 않았던 식이다.

고전역학의 기초가 되는 이 두 가지 식은, 과학은 귀납적이라는 하나의 상징이기도 한다. 저 두 식도 아인슈타인의 상대성이론에 따라 이제 절대적이 아닌 근사적近似的으로만 맞는 식이 되었다. 귀납적이기 때문에 과학은 항상 틀릴 수 있다. 몇 가지 예를 보자.

오랫동안 과학자들은 사람의 위장에는 미생물이 살 수 없다고 생각했다. 생명체가 살기에는 위장의 환경이 너무 가혹했기 때문이다. 위장은 외부에서 들어온 세균과 바이러스 등을 제거하기 위해 염산이 주성분인 위산을 분비하는데, 분비되는 순간에는 뼈도 녹일 정도인 PH 0.78 수준이다.(PH 뒤의 숫자가 작을

수록 강산성인데, 위장 전체의 산도는 PH 1.5~3 정도다. 그렇지만 위벽을 보호하는 성분도 같이 분비되기 때문에 인체는 해를 입지 않는다.) 또한 위는 단백질 소화효소인 펩신도 분비하는데, 생물의 몸은 무엇이든 단백질이 주성분이다. 뼈를 녹일 정도의 산성에 단백질을 분해시키는 효소가 가득한 곳에 생물이 살 수 있을까? 위장을 연구하고, 사람 몸속의 미생물을 연구하던 과학자 모두가 불가능하다고 생각했다. 그런데 한 과학자가 여기에 반론을 제기했다. 위염이나 위궤양의 원인이 위장에 사는 미생물이 원인이라고 주장한 것이다. 오스트레일리아의 병리학자 존 로빈 워런John Robin Warren이다.

그는 만성위염 환자를 대상으로 한 조직검사를 해봤는데, 약 절반 정도의 환자가 위장 아랫부분에 같은 종류의 박테리아를 가지고 있다는 걸 발견했다. 워런 박사는 이 박테리아가 위염을 일으키는 원인일 것으로 생각하고 이를 발표한다. 그러나 누구도 믿지 않았다. 단 한 명을 제외하곤. 오스트레일리아의 배리 마셜 박사다. 내과의사인 그는 100명 정도의 환자를 대상으로 생체 검사를 실시하고 같은 결과를 얻었다. 그러고도 다양한 실험을 한 끝에 결국 '헬리코박터 파일로리'라는 이름의 균이 위장 속에 살며, 이 세균이 위장질환을 일으키는 한 원인임이 밝혀진 것이다.(「과학적 지식 뒤엎은 헬리코박터균의 발견」, 『사이언스타임스』, 2005년 10월 10일) 위에는 미생물이 살지 않는다는 과학의 기존 상식이 깨지고 새로운 사실이 확립된 것이다.

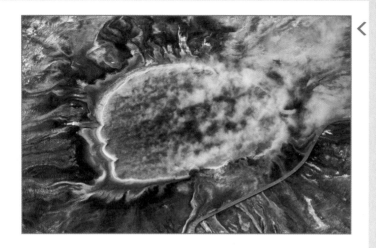

또 다른 사례를 보자. 유전은 오로지 이중나선 구조의 DNA 에 의해서 이루어진다고 모든 과학자들이 믿었다. 우리가 배우 는 중고등학교의 과학 교과서에도 그렇게 쓰여 있다. 다윈에 앞서 진화론을 주장한 라마르크는 기린이 나무 높이 있는 잎을 먹으려고 목을 늘리다보니 후손들의 목이 길어졌다는 식의 용 불용설用不用說을 주장했지만, 그의 주장은 틀렸고 개체가 획득 한 형질은 유전되지 않는다는 것이 20세기 유전학을 통해서 밝 혀졌다. 유전은 유전암호가 담긴 DNA를 후손에 물려줌으로써 이뤄지고, 이 DNA는 돌연변이로만 바뀐다는 게 과학의 정설이 었다.

그런데 20세기 후반 들어 꼭 그렇지만은 않다는 사실이 밝혀 진다. 제2차 세계대전 당시 독일의 점령지였던 네덜란드는 극 심한 식량난을 겪었다. 그때 어머니의 뱃속에 있던 사람들은 다른 시기에 태어난 사람들에 비해 당뇨병에 걸리는 비율이 높았다. 태어난 이후 각기 처한 생활환경이 달랐고 부모들의 당뇨병력 또한 다름에도 불구하고, 모든 계층에서 당뇨병 비율이 높게 나타난 것이다. 이후 지속적인 조사를 해보니 이들이 낳은 아이들 또한 당뇨병 비율이 높게 나타나고 있음이 밝혀졌다. 제2차 세계대전 중 엄마의 뱃속에 있을 때 겪었던 엄혹한 조건이 대를 이어 유전된 것이다.

분자생물학이 발전함에 따라 유전자의 발현에는 DNA뿐만 아니라, DNA와 결합하는 물질은 물론 DNA 나선을 이어주는 히스톤 단백질*의 구조도 개입한다는 사실이 밝혀졌다. 그리고 태아가 모체 내에 있을 때 여러 다양한 환경에 따라 결합 물질의 종류와 히스톤 단백질의 구조가 달라질 수 있으며, 이런 변화가 후손에게도 이어진다는 게 드러났다. 이런 현상을 전문적으로 연구하는 분야를 '후성後成유전학'이라고 하는데, 이렇게 20세기 유전학의 가장 중요한 전제가 흔들려버렸다. 우리는 또 다시 교과서에 실린 정도로 확고했던 기존의 정설이 뒤집어지는 경험을 했다.

과학은 귀납적이라고 했다. 귀납적이라는 것은 언제나 반증이 나오면 틀릴 각오를 해야 하는 것이다. 그리고 과학의 역사속에서는 실제로 그러한 틀림이 항상 나타났다. 그리고 그 틀림은 귀납적 결론뿐만 아니라 그로부터 연역한 과학 이론에서도 마찬가지로 나타난다. 그래서 과학자의 글에는 '현재까지는'이

● 히스톤 단백질
DNA와 결합해 염색체를 구성하는 단백질. 히스톤 단백질에 나선 형태의 DNA 가닥이 사슬처럼 감겨 있는 것이 염색체의 기본 형태다. 과거에는 이렇게 DNA를 이어주는 기능만 한다고 여겨졌지만, 지금은 히스톤 단백질의 구조가 유전자의 발현에 영향을 준다는 것이 알려졌다.

라는 단서가 붙는 경우가 많다. 아직까지는 반증되지 않았다는 단서를 다는 것이고, 앞으로는 반증이 나타나 틀리다고 확인될 수 있다는 전제를 미리 깔아두는 것이다.

유명 작가인 나심 니콜라스 탈레브는 칠면조의 비유를 통해 이렇게 설명한다. 칠면조를 키우는 농장 주인은 매일 칠면조에게 먹이를 가져다준다. 매일 아침과 저녁 6시에 규칙적으로 주었다. 어느 똑똑한 칠면조 한 마리는 인간이 자신에게 하루 두 번 먹이를 주는 것이 보편적 법칙이라는 결론에 이른다. 아침저녁으로 매일 두 번씩 999일 동안 확인됨으로써 칠면조는 이 법칙이 절대적인 것이라고 확신하게 됐다. 그러나 1000일째 되는 날, 아침에는 먹이를 먹은 칠면조는 저녁에는 먹지 못했다. 그날은 추수감사절이라 칠면조가 주인의 추수감사절 만찬에 올랐던 것이다.(원래 이 비유는 러셀의 『철학의 문제들』이란 저서에서 귀납법의 한계를 지적하는 비유로 등장한 것이 처음으로, 원래는 병아리였으나 어느새 칠면조로 바뀌었다.)

그렇다. 귀납법을 기초로 하는 과학은 항상 틀릴 수 있다는 전제를 달고 있다. 이는 과학이 가지는 본질적 한계다. 그러나 이 한계는 흔히 "과학이라고 다 맞는 건 아니잖아"라는 사람들의 주장처럼, 과학이 믿을 수 없는 것임을 의미하지 않는다. 오히려 이 한계는 과학의 발전과 변화 가능성을 말해준다. 과학에는 종교에서처럼 변하지 않는 절대적 진리는 존재하지 않는다. 과학은 끊임없이 오류를 수정해가며 진화해나가는 학문이다.

때문에 틀릴 것이 무서워서 연구를 하지 못하는 과학자는 없고, 틀릴 것을 우려해서 현재의 과학에 대한 지지를 철회하는 과학자 또한 없다. 과학에서의 '틀림'은 기존 지식의 완전한 부정이 아니라, 발전의 한 과정에서 나오는 자연스러운 일이기 때문이다. 현재까지 참이라 판명된 과학이론은 '아직까지는 틀리다는 반증이 하나도 없는' 맞는 이야기고, 앞으로도 그 내용 중 대부분이 계속 맞을 것이다. 뉴턴 역학은 빛의 속도로 움직이는 물체에서는 틀리지만 우리가 경험하는 대부분의 속도에서 이전과 마찬가지로 훌륭하게 작동한다. 후성유전이 밝혀졌지만 여전히 유전은 대부분 부모에게 물려받은 DNA의 염기서열에 의해 결정된다.

궁극의 진리는 있는가

앞에서 본 대로 만약 누가 어떤 이론에 대해 '현재로서는'이라는 단서를 붙이지 않고 '진리'라고 말한다면 그는 과학자가 아니라고 이야기할 수 있다. 과학은 어떠한 지식도 이론도 '절대적'이지 않다는 전제에서 시작한다.

19세기 말 막스 플랑크를 지도하던 물리학자가, 이제 물리학에서 새로 밝혀질 중요한 사실은 없으니 다른 분야를 전공하는 것이 어떠냐고 조언을 했다. 당시 물리학은 중력에서는 뉴턴의 만유인력의 법칙이, 전자기력에 대해서는 맥스웰의 방정식이 모든 것을 설명한다고 생각했다. 중요한 것들은 모두 완전히 파악했고 물리학의 역할은 이제 곧 끝날 것이라 생각하는 과학자들이 대부분이었다. 당대의 물리학자 켈빈 경은 이제 물리학은 사소한 몇 가지 문제를 제외하면 모든 것이 다 해결되었다고 했다. 그런데 그 후 10년 정도 사이에 상대성이론과 양자역학이 탄생하며, 물리학의 지평을 바꿔버렸다.(막스 플랑크는 후에 양자역학의 탄생에 기여하며 노벨물리학상을 받았다.)

결국 그 사소한 문제들이 진짜 문제였던 것이다. 예컨대 당시 물리학계에서 해결되지 않던 문제 중 하나가 빛의 속도 문제였다. 맥스웰 방정식에 따르면 빛의 속도는 언제 어디서 관측하는지와 상관없이 똑같아야 했다. 그런데 이것은 우리의 일상적인 경험과도 달랐으며, 뉴턴 역학으로 설명할 수 없는 결과다. 시속 $80km$로 달리는 기차 옆을 자동차가 시속 $80km$로 달린다고 해보자. 자동차에 탄 사람이 보기에 기차의 속도는 0이 되고 그 반대도 마찬가지다. 속도는 관측 위치에 따라 상대적인 것이다. 그러나 맥스웰 방정식은 빛의 속도는 항상 일정하다고 제시했으며, 실험 결과도 이를 증명했다. 결국 이런 문제를 해결하는 과정에서 아인슈타인의 특수상대성이론과 일반상대성이론이 나왔다. 이제 뉴턴의 역학은 우리가 인지하는 일상적인 속도와 일상적인 질량에서만 유효한 근사적 이론이 되었다. 비슷하게 양자역학도 당시 물리학으로 설명할 수 없던 광전효과와 흑체

● **광전효과**
물질이 특정한 파장보다 짧은 파장을 가진 전자기파를 흡수했을 때 전자를 내보내는 현상을 일컫는다. 이 현상에 대해 아인슈타인이 빛이 입자라고 가정하여 설명했으며 이 공로로 노벨물리학상을 수상했다. 빛의 입자성에 대한 증거이며, 기존의 고전역학으로 이 현상을 설명할 수 없으므로 양자역학이 탄생하게 되는 한 원인이 되었다.

복사* 문제를 해결하는 과정에서 태동했다.

그러면 이제 물리학의 문제는 이 두 가지 이론으로 모두 풀렸을까? 그렇지 않다. 양자역학으로 구축된 표준모형 자체가 완벽한 이론이라기엔 여러 가지 문제가 있다. 대표적으로 표준모형에는 중력에 대한 설명이 전혀 없다. 양자역학으로는 중력을 설명하지 못하는 것이다. 근본적으로 양자역학과 상대성이론은 화합하지를 못한다. 상대성이론은 중력을 설명하는 이론인데, 미시적인 양자 세계에서는 적용되지가 않는 것이다. 보통 양자 세계의 중력은 매우 작기 때문에 중력을 계산하지 않아도 문제가 되지 않지만, 빅뱅이나 블랙홀처럼 미시적인 공간에 높은 질량이 뭉쳐 있는 현상을 이해하기 위해선 두 이론이 같이 적용될 필요가 있다. 그래서 두 이론을 화해시킬 방법을 많은 물리학자들이 궁리하고 있다. 또한 아직 그 존재가 정확히 밝혀지지 않은 암흑물질과 암흑에너지**도 있다. 물리학은 아직도 갈 길이 멀고 그래서 물리학자들은 행복하다.

그렇다면 언제쯤 물리학은 궁극의 이론, 즉 절대적 진리에 도달할 수 있을까? 혹은 절대적 진리는 과연 있는 것일까? 사실 절대적 진리가 존재하는지 아닌지에 대해서는 아무도 알 수 없다. 과학자들 중에는 절대적 진리가 존재한다는 이도 있고, 그렇지 않다는 이도 있다. 물리학자 중에는 상대적으로 절대적 진리가 있다고 믿는 이들이 많다. 특히나 양자역학이나 상대성이론 등을 전공하시는 분들 중에서는 더 하다. 그 궁극의 진리를 찾으려는 목적 하나로 평생을 보내는 분들이니 '그런 거 없다' 는 결론은 너무 허무하기도 할 것이다.

하지만 그런 분들도 설사 절대적 진리가 있다 해도 거기에 무한히 가깝게 다가갈 수는 있지만 완전히 알 수 없다는 사실은 대부분 인정한다. 이 또한 물리학 그리고 과학의 본질적 한계다. 절대적 진리가 있다고 할지라도 우리는 또 과학은 그것을 완전히 알 수 없다.

그럼 물리학이 아닌 다른 학문은 어떨까? 생물학에서 진화학이나 고생물학은 한편으로는 과거를 연구하는 학문이다. 과거를 연구하는 학문 대부분이 그러하듯이 우리는 모든 것을 완벽하게 알 수 없다. 물론 우리는 과거에 비해 훨씬 잘 알고 있다. 지구의 나이에 대해 6000년이나 3만 년을 주장하던 때를 지나 이제 45억5000만 년이라고 보다 정확하게 답을 내는 시대다. 과거 지구의 역사에서 생물종의 95% 정도가 사라진 대멸종*이 다섯 차례 있었다는 사실도 알게 되었고, 말의 조상이 어떤 생물이고 어디서 서식했으며 어떤 과정을 거쳐 현재의 말로 진화했는지도 안다.

하지만 그렇다고 모든 걸 완벽하게 알기란 애초부터 불가능했다. 특히 과거로 갈수록 모름은 더 크고 그 간극을 좁히기도 힘들다. 신생대는 그 기간이 6500만 년이지만, 중생대는 1억7000만 년 정도이고, 고생대는 3억3000만 년 정도이다. 과거로 갈수록 지질시대를 나누는 연대의 폭이 넓어지는 것은 그만큼

● 대멸종
일반적으로 생물종의 75% 이상이 멸종하는 사태를 대멸종으로 생각하고 있으며, 지구 역사에서 다섯번의 대량 멸종 사태가 알려져 있다. 약 6600만 년 전 발생한 5차 대멸종은 대부분의 공룡을 멸종시켰다. 일부에서는 현재 인류에 의한 6차 대멸종이 진행중이라고도 경고한다.

잘 모르기 때문이다. 그리고 최초의 생명부터 고생대 전까지인 선캄브리아대는 거의 40억 년이다. 이 시기에 대해 우리는 여전히 아주 잘 모른다. 아직 최초의 생명이 어떤 형태였는지 정확히 알지 못하고 발생한 시기도 특정하지 못한다. 최초의 생명이 여러 번 나타났다 사라지고 현존하는 생명체들의 조상이 생겨난 것인지, 아니면 생명이 단 한 번 출현해서 번성한 것인지도 불명확하다.

인류의 조상에 대해서도 마찬가지다. 새로운 화석이 등장하면 그에 맞춰 새로운 이론이 나타난다. 호모사피엔스는 호모에렉투스와 다른 종이라고 생각했는데, 유전자 연구를 하다 보니 둘은 그저 늑대와 개의 관계처럼 아종亞種, subspecies 정도에 지나지 않았다. 네안데르탈인은 우리 인류와 다른 계통이라고 생각했는데, 알고 보니 호모사피엔스의 유전자에는 네안데르탈인과 데니소바인●의 유전자가 섞여 있었다.

지구의 대기를 연구하는 기후학 또한 마찬가지다. 슈퍼컴퓨터를 통한 엄청난 계산에도 불구하고 내일의 날씨를 맞추는 확률은 우리의 기대에 미치지 못한다. 우리가 완벽한 일기예보를 할 수 있을까에 대해서 기후학자들은 회의적이다. 슈퍼컴퓨터의 성능이 아무리 좋아져도, 연구가 아무리 축적되어도 끝내 내일의 날씨를 완벽하게 예측하진 못할 것이라고 예상한다. 장기적인 기후변화에 대해선 어느 정도 예측이 가능할 수 있겠지만 짧은 시기의 날씨를 예측하기란 불가능하기 때문이다. 마치 주

● 데니소바인
2008년 시베리아의 데니소바 동굴에서 발견된 화석 인류의 하나. 네안데르탈인 및 현생인류와 동시대에 산 것으로 보이며 서로 교배도 한 것으로 보인다.

사위를 던질 때 1만2000번 정도 던지면 1의 눈이 대략 2000번 정도 나올 것이라고 예상할 수 있지만, 당장 다음번 던지는 주사위의 눈이 무엇이 될지는 모르는 것과 마찬가지다.

과학은 예언이 아니기에 미래를 완벽하게 알 수 없다. 물리학이나 화학은 그나마 궁극의 진리가 있다고 믿을 수도 있지만, 그 외 다른 과학 분야에서는 모든 것을 예상할 수 있는 절대적 진리는 존재하지 않는다. 과학은 모든 것을 알고자 하는 열망에서 시작하지만, 영원히 모든 것을 알 수 없다는 사실을 인정하고 그 사실에 기뻐하는 자세로 나아간다.

알수록 모름이 커진다

과학은 진리를 향해 무한히 나아가는 과정이며, 우리들은 그러면서 새로운 사실들을 알게 된다. 그런데 역설적이게도 아는 게 늘어가는 만큼 모르는 것도 늘어나게 된다. "나는 내가 모른다는 것을 알고 있다"는 소크라테스의 말처럼, 과학은 어찌 보면 우리가 무엇을 모르는지 알게 되는 과정이기도 하다.

과거에 사람들은 우주는 다섯 개의 행성(수성·금성·화성·목성·토성으로 지구는 행성이 아니라고 생각했으며, 천왕성·해왕성·명왕성은 존재를 알지 못했다)과 태양, 달 그리고 수천 개의 별로 이루어졌다고 생각했다. 그 우주 너머는 과학으로는 알 수 없는 신

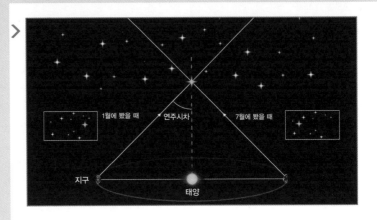

지구가 태양 주위를 공전하면서, 관측 위치가 달라지기 때문에 시차가 나타나게 된다. 별이 멀리 있을수록 시차가 적게 나타나는데, 연주시차가 1초(1도의 3600분의 일)인 거리를 1파섹이고 부르며 천문학의 기초 거리 단위 중 하나로 사용한다.

1월에 봤을 때   연주시차   7월에 봤을 때

지구   태양

의 영역이었다. 코페르니쿠스가 우주의 중심이 지구가 아니라 태양이라고 선언했을 때도 먼 우주에 대해서는 무지했다.

그러나 지구가 태양 주위를 돈다는 걸 알게 되자 새로운 사실 하나에도 눈 뜨게 되었다. 지구가 태양 주위를 1년에 한 바퀴씩 돈다면, 별을 바라보는 지구의 위치가 때마다 변하기 때문에 밤하늘에서 보이는 별의 위치도 달라져야 한다. 이 위치의 차이를 시차視差라고 하며, 지구에서 관측되는 최대 시차의 절반을 연주시차年周視差라고 부른다. 그런데 별들의 연주시차는 지동설이 주장된 이후에도 거의 측정이 불가능할 정도로 작았다. 왜 지구가 태양 주위를 도는 데도 별들의 움직임이 지구에서 보이지 않을까? 이는 별들이 지구에서 무지하게 멀기 때문이라는 답밖에 없었다. 시차는 멀리 있는 사물일수록 작게 나타나기 때문이다.

또한 별들이 그렇게나 멀리 있는 데도 지구에서 빛이 보일 정도라면, 실제로는 얼마나 밝은 것인지 의문도 생겼다. 만약 태양과 비슷한 거리에 있다면 어떻게 될까 계산해봤더니 태양만큼 밝다는 결론. 즉 하늘의 별들은 태양빛을 반사하는 게 아니라 태양과 동격의 존재였던 것이다. 태양이 아니라 지구가 돈다는 사실보다 중요한 것은 이를 통해 우주의 넓이가 몇십만 배 더 확장되었다는 점이다. 만약 저 별들이 태양이라면 그들도 태양처럼 행성들을 거느리고 있지 않을까? 만약 그렇다면 그 행성들 중에는 생물이 살고 있는, 어쩌면 지성체가 살고 있는 곳도 있지 않을까? 조르다노 브루노Giordano Bruno는 이런 생각을 전파하다 화형을 당하기도 했다.

그리고 다시 천문학이 발달하면서 우리은하●가 우주의 중심이 아니며, 우리은하처럼 거대한 은하들이 우주 곳곳에 천억 개도 넘게 존재한다는 사실이 알려졌다. 20세기 초의 일이다. 우주의 크기는 다시 몇억 배 더 커졌다. 그리고 은하들이 모인 은하단과 은하단이 모인 초은하단, 초은하단들이 중력으로 연결된 거대우주구조까지에 이르렀다. 우린 우주를 더 잘 알게 되었다.

우리는 우주의 시작이 어떠했는지에 대해서도 알게 되었다. 우리 우주가 136억 년 정도 전의 대폭발에서 탄생했다는 사실도 파악했고, 우주가 시작하고서 현재까지 우주가 얼마나 빠르게 팽창했는지, 그 팽창에 따라 얼마나 빠르게 식어갔는지에 대해 안다. 우주를 구성하는 물질인 원자가, 원자를 구성하는 전

● **우리은하**
우리 태양계가 소속된 은하를 우리은하라 한다. 지름이 약 10만 광년에 달하는 원반형으로 막대 모양의 중심 부위와 그 주변의 나선형 팔 그리고 헤일로(은하를 둘러싼 구름 같은 천체)로 구성되어 있다.

자와 양성자·중성자가, 양성자와 중성자를 구성하는 쿼크가 언제 어떻게 만들어졌는지에 대해서도 안다.

그런데 그 과정에서 우리는 모르고 있던 새로운 것들을 마주하게 되었다. 대표적으로 '암흑물질'이 있다. 은하들은 모두 회전을 하는데 그 회전속도가 우리가 예상했던 것보다 꽤나 빨랐다. 회전속도가 빠른 건 은하가 예상보다 질량이 더 나간다는 것으로밖에 설명할 수가 없다. 즉 은하에는 우리가 모르던 물질이 있는 것이다. 그 물질의 이름을 암흑물질이라 붙였다.

현재 우리가 암흑물질에 대해 알고 있는 것은 그 양이 기존에 우리가 알고 있던 물질들보다 네다섯 배 더 많다는 사실이다. 어떤 입자들이 모여 암흑물질을 이루고 있는지는 전혀 모른다. 하나 더, 이 암흑물질이 우주의 거대구조를 만드는 데도 꽤나 중요한 구실을 하고 있다는 사실도 안다. 여기까지가 암흑물질에 대해 아는 전부다. 암흑물질이 존재한다는 걸 알게 된 게 20세기 중반인데, 60년 정도가 지난 현재까지 그 정체는 오리무중인 셈이다.

또한 우리는 관측을 통해 우주의 팽창 속도가 점점 더 빨라지고 있다는 사실도 알게 되었는데, 팽창 속도를 빠르게 하는 원인에 대해 '암흑에너지'라는 이름을 붙였다. 그리고 암흑에너지가 우주 전체의 물질-에너지(현대 물리학에서 물질과 에너지는 서로 변환 가능하기에 같은 것으로 본다)에서 차지하는 비율이 70%가량 된다는 사실이다. 그 외엔 이 암흑에너지도 도통 그

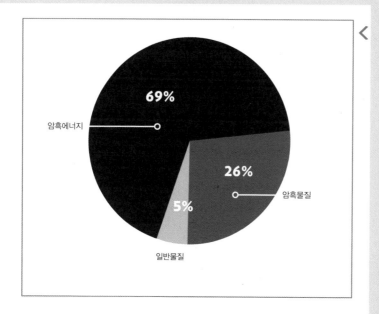

69%

암흑에너지

26%

암흑물질

5%

일반물질

정체를 알지 못하고 있다.

눈부시게 발달한 천문학과 물리학은 100년 전에 알던 사실의 몇백 배가 넘는 지식을 우리에게 알려주었지만, 이제 우리가 아는 것은 우주를 채운 물질-에너지의 고작 5% 남짓에 대해서뿐이다. 95%에 해당하는 암흑물질과 암흑에너지는 여전히 우리의 지식 너머에 존재한다.

그뿐만이 아니다. 우주에는 우리가 알지 못하는 것이 가득하다. 블랙홀과 중성자별의 성질에 대해서도 모르며, 빅뱅의 극초기가 어떠한 모습이었는지도 모른다. 상대성이론과 양자역학으로 대표되는 현대 물리학은 우리에게 수없이 많은 것을 알려주었지만, 그럼에도 세상을 온전하게 설명해내지 못하고 있는 것이다.

다른 분야에서도 사정은 마찬가지다. 뇌과학은 생물학의 한 영역이면서 동시에 심리학이나 인지학 등 여타 학문과도 연관된다. 아주 오래된 학문이지만 신생 학문이기도 한 셈이다. 우리는 아직 뇌에 대해 더듬고 있는 수준에 불과하다. 뇌를 연구하면서 신경세포(뉴런)와 신경세포 간의 연결관계만 파악하면 모든 것이 끝날 것이라 생각했지만 오산이었다. 뇌에 신경세포만큼이나 분포하는 교세포*들은 기억과 사고에 신경세포만큼이나 큰 기여를 하고 있다는 사실이 밝혀졌다. 그리고 다시 교세포들에 대한 연구가 아주 큰 한몫으로 주어졌다. 뇌를 연구하겠다고 하니, 뇌가 우리에게 새로운 무지를 안겨주었다.

이는 어찌 보면 당연한 일이다. 우리는 아는 만큼 본다. 둥근 원을 그리고서 그 면적이 우리가 아는 지식이며 그 너머는 무지라고 해보자. 원이 커지는 만큼 무지와의 경계선도 커진다. 우리 앎의 면적이 커질수록 우리가 무엇을 모르고 있는지도 더 많이 알게 된다.

어릴 때는 동네의 경계가 모름과 맞닿는 면이었다. 점차 커나가며 그 경계는 들쑥날쑥해지며 넓어졌다. 처음에는 옆 동네만 몰랐다면, 사는 세계가 넓어질수록 모르는 곳도 점점 늘어갔다. 영덕을 잘 모르고, 정읍을 잘 모르며, 서울도 잘 모른다. 세계로 가면 도쿄와 뉴욕과 베이징, 쿠알라룸프 등도 모른다. 학문의 세계도 마찬가지다. 대학 물리학과에 들어갈 땐 단지 물리학을

● **교세포**
교세포 혹은 신경아교세포는 뇌 속에 가장 많이 분포하고 있는 세포다. 교세포의 크기는 신경세포의 1/10 정도이나 수는 10배 정도다. 신경세포들이 고유의 기능을 수행하는 데 도움을 주며, 뇌 조직이 손상되었을 때 이를 복구하는 과정에 중요한 기능을 한다. 신경세포에 영양물질을 공급하고 면역 작용에도 기여하는 등 다양한 역할도 한다.

모를 뿐이다. 그러나 대학을 졸업할 땐, 양자역학과 상대성이론과 통계물리와 전자기학을 모르게 된다. 덤으로 해석기하학이라든가 선형대수학같이 수학 분야에서도 모르는 것이 늘어난다. 석사가 되면, 박사가 되면 그 모름의 깊이가 더 깊어진다. 과거 한 야구해설가는 수십 년을 야구 관련 일만 해서 야구를 아주 잘 알아야 함에도 TV해설에선 "야구 몰라요"를 남발하곤 했다.

과학의 최전선에서 오늘도 누군가 앎의 경계를 조금씩 더 넓히고 있다. 그에 따라 우리의 모름도 조금씩 더 깊어진다. 만약 객관적인 지식에 한계가 있다면 언젠가 우리는 그 모름의 바깥 경계와 마주할지도 모르겠다. 그러나 지금까지 인류가 쌓은 과학적 지식은 우리에게 여전히 무한한 지식의 바다가 있음을 알려주고 있다. 인류가 쌓아온 지식은 산술급수적으로 커지지 않고 기하급수적으로 커지고 있다. 16세기까지 쌓아온 지식은 단 2세기 만에 두 배가 넘었고, 18세기까지 쌓았던 지식의 총량과 비교해도 19세기 동안 단 100년 만에 획득한 지식이 훨씬 더 많다. 20세기는 더 빠르게 지식이 쌓였고, 21세기는 이제 10년마다 지난 세기까지 쌓은 지식을 배가할 작정으로 보인다. 이렇게 지식의 총량이 늘어남에도 여전히 우리에겐 지식의 한계가 보이지 않는다. 오로지 모르는 것이 늘어날 뿐이다.

그래서 과학이 재미있는 것이다. 정말 재미있는 책을 읽을 땐 읽을수록 남은 페이지가 줄어드는 것이 안타깝고, 아주 감동적인 영화를 보면 영화가 점점 끝나가는 것이 아쉬운 법인데 과학은 평생을 해도 그 끝이 없을 터이니 끊임없는 즐거움이 흘러나오는 화수분 아니겠는가. 반대로 우리가 모든 것을 알 수 있고, 무오류의 세계에 진입할 수 있다는 헛된 믿음은 과학을 맹신하게 만든다. 과학이 태생부터 가지는 한계를 깨달을 때 우리는 더욱 과학적이 된다.

과학자와 애국심 그리고 윤리

이제까지는 과학의 근본적 성격과 관련된 과학의 한계를 살펴보았다. 그런데 과학이 외부 세계와 접하면서 나타나는 한계에 대해서도 살펴볼 필요가 있다. 사실 현실에서 우리가 보는 과학의 문제들은 이 경우의 것들이 더 많다. 특히 잘 알려진 것이 과학과 윤리 사이의 문제다. 구체적으로는 과학 연구가 비윤리적인 목적으로 활용될 때 과학자의 태도에 대한 문제다.

2018년 꽤 시끄러운 사건이 있었다. 이른바 킬러로봇killer robot 문제였다. 로봇학계의 권위 있는 해외 학자 50여 명이 한국과학기술원KAIST과 한화시스템이 추진하는 인공지능 무기 연구를 문제 삼으며 카이스트와의 모든 공동연구를 보이콧하겠다고 선언했다. 이들은 공개서한에서 "인간의 의미 있는 통제가 결여된 자율적으로 (사살을) 결정하는 무기를 개발하지 않겠다는 확답을 카이스트 총장이 할 때까지 우리는 카이스트의 어떤 부분과도 공동연구를 전면 보이콧할 것"이라고 밝혔다. 이에 대해 당시 카이스트 총장은 언론과의 인터뷰를 통해 킬러로봇 개발 의사가 전혀 없다고 했고, 해외 학자들이 이를 받아들이면서 일주일 정도의 해프닝으로 끝났다.

그런데 공개적으로 킬러로봇을 개발하는 곳은 어디에도 없지만 비공개로 개발하는 곳이 과연 없다고 장담할 수 있을까? 꽤 많은 나라의 국방연구소들이 자신들의 연구를 공개하지 않고 있으며, 이 국방연구소들과 연관된 민간 연구소 또한 비밀 준수의 조건 아래 여러 가지 연구를 하고 있다는 것은 이미 잘 알려진 사실이다.

만약 그런 연구소 중 어느 한 곳에서 킬러로봇을 연구하고 있다면, 그리고 그 사실을 그곳에 근무하는 연구자가 우연히 알게 되었다면 어떻게 해야 할까? 개인적인 이익과는 상관없이 국가에 대한 애국심과 과학자의 윤리 사이에서 갈등할 수밖에 없지 않을까? 특히나 그의 조국과 이웃 나라가 인도와 파키스탄처럼 적대적인 관계에 놓여 있다면, 그래서 상대국이 킬러로봇을 개발할 수 있다고 우려된다면, 그 과학자는 과연 조국을 위해 킬러로봇을 개발하는 것이 맞을까, 아니면 개발을 거부하고 킬러로봇 개발 시도를 폭로하는 것이 옳을까?

사실 이 문제는 이미 제1차 세계대전에서도, 제2차 세계대전에서도 겪었던 일이다. 제1차 세계대전 당시 유럽의 주요 국가

들은 무고한 인명을 살상할 수 있는 독가스를 개발하거나 사
용하지 말자고 협약을 맺고 있었다. 그러나 독일은 독가스를
개발하여 전선에서 살포했다. 이 일에 가장 적극적이었던 것은
프란츠 하버Fritz Haber였다. 그는 암모니아의 합성 방법을 개발한
과학자로 그 공로로 노벨화학상을 받기도 했다. 그런 그가 조
국 독일을 위해 열심히 독가스를 개발하고 전선에서 살포하는
과정에도 깊숙이 개입한 것이다. 한편 당시 연합국 측도 비밀리
에 독가스를 개발했었다. 실제로 살포할 계획은 아니었고 혹시
나 독일 측이 사용하면, 맞상대를 하려는 것이었다. 그리고 결
국 연합국 측에서도 독가스를 사용하기에 이른다. 물론 연합국
측이 독가스를 개발하는 과정에도 과학자들이 참여했던 건 당

연하다.

제2차 세계대전 때는 핵폭탄 개발이라는 일대 사건이 있었다. 독일이 핵폭탄을 개발하고 있을 거라고 의심했던 일군의 과학자들이 미국 대통령에게 핵폭탄 개발을 주장한다. 선제적으로 개발해서 만약 독일이 핵을 사용하려 한다면 억제력으로 이용해야 한다는 것이었다. 일명 '맨해튼 프로젝트'가 시작되었다. 처음 이 제안을 한 이들도 아인슈타인을 비롯한 과학자들이었고, 개발 과정에도 엔리코 페르미, 로버트 오펜하이머 등 다수의 유명 과학자들이 참여했다. 독일도 개발 계획이 없었던 것은 아니나 지지부진하다가 결국 종전 때까지 개발을 완료하지 못했다. 독일과의 전쟁은 연합국의 승리로 귀결되고, 마지막 남은 일본과의 전쟁도 연합국의 우세가 확실해져 더 이상 억지력으로서의 원자탄은 의미가 없었다. 하지만 미국은 실제로 원자폭탄을 제조했고, 결국 패전이 확실시되는 일본에 두 발의 원자탄을 떨어뜨린다.

맨해튼 프로젝트에 참여했던 과학자들 중 일부는 그 끔찍한 결과에 놀라며 종전 후 핵군축을 위한 행동에 나서기도 했다. 맨해튼 프로젝트에서 로스앨러모스연구소 소장을 맡아 핵심적인 역할을 했던 오펜하이머와 핵무기 개발의 최초 제안서에 서명을 했던 아인슈타인이 대표적이다. 이들은 당시 일본에 핵무기를 투하한 것이 불가피한 선택이 아님을 확인한 후 핵무기 확산 반대를 주장했다.

이제 다시 킬러로봇을 연구하라는 과제를 받은 과학자에게
로 돌아와보자. 이 과학자는 어떻게 대처해야 할까?

예전 황우석은 국내 언론과의 인터뷰 때마다 애국을 들먹였
다. 그의 말 중 유명한 것으로 "과학에는 국경이 없지만 과학자
에게는 국경이 있다"는 말이 있다. 이는 원래 파스퇴르의 말이
었는데, 독일과 전쟁중인 조국 프랑스에 대한 이야기를 하면서
이 말을 썼다고 다들 이해하고 있다. 그러나 실제 그의 발언 맥
락을 보면 그렇지 않다.(「과학에도, 과학자에게도 국경은 없다」,『슬
로우뉴스』, 2015년 11월 9일. http://slownews.kr/47650)

파스퇴르는 어느 강연에서 이렇게 말했다고 한다. "과학에는
조국이 없지만 과학자는 조국을 가져야 한다. 그리고 자신의
작업이 세상에 기여할 수 있었던 이유를 조국에 돌려야 한다."
그리고 뒤이어 이렇게 말한다. "하지만 우리는 프랑스의 과학이
인류애의 법칙에 복종함으로써 생명의 경계를 확장하기 위해
노력했다고 주장하고 싶을 것이다." 즉 '프랑스'의 과학이 인류
전체를 위해 복무함으로써 자신의 가치를 얻게 된다는 말이다.
이 말은 황우석이 썼던 것처럼 맹목적 애국주의에 호소하는 의
미가 아니었다.

또한 과학자가 조국에 대한 이야기를 할 때는 '과학자'로서가
아니라 '시민'으로서 이야기하는 것이다. 한 사람은 여러 가지
의 위치를 가지고 있다. 과학자이지만 시민이기도 하고, 가족의
일원이기도 하다. 우리는 가족의 일원으로서 과학을 하는 것이

아니라 '과학자'로서 과학을 한다. 반대로 가족의 다른 구성원을 사랑하는 것은 '과학자'여서가 아니라 스스로가 '가족의 일원'이기 때문이다. 조국에 대한 애정을 가지는 것은 시민으로서의 역할이다. 물론 이렇게 딱 구분지어 생각할 수 없는 것도 사실이다. 시민도, 가족의 일원도, 그리고 과학자도 모두 한 인간으로 모여지는 것이니. 그럼에도 과학을 연구할 때 우리는 과학의 보편성을 먼저 떠올려야 한다.

그리고 가장 중요하게는 조국에 대한 애국심이 봉건적 의미의 애국심이 아니라는 걸 알아야 한다. 우리가 국가에 대한 자긍심을 가지고, 자신의 이익을 일정하게 희생해서라도 국가 발전에 도움을 주려고 하는 것은 근대국가에서는 그 주권이 시민에게 있기 때문이다. 그리고 시민의 기본적 권리를 보장하고, 시민 전체의 삶이 향상되도록 노력하는 것이 그 국가의 역할이라 여기고 있어서다. 그래서 그런 시민적 권리를 누릴 수 있게 해주는 국가를 지키기 위해 연대하여 저항하는 것이 애국심의 발로다. 이때 단지 적국에만 저항해서 싸우는 것이 아니다. 시민들의 기본적 권리를 침해하는 파시즘도, 시민 공동체를 공격하는 소수자 혐오 공세도 국가를 올바른 길에서 이탈시키는 공격이다. 그리고 시민으로서의 권리로 당연히 이에 맞서는 것은 과학자 이전에 시민으로서의 의무다.

그러니 인류의 보편적 삶을 공격하는 대량살상무기를 '국가'를 위해서 연구하는 것은 올바른 의미의 '애국'이 아닐 것이다.

더구나 시민의 권리를 억압하는 정부라도 우리 정부라고 애써 눈감는 것도 올바른 의미의 '애국'이 아니다.

과학자의 조국과 관련하여 또 한 가지 우리가 생각해봐야 할 부분이 있다. 과학은 이미 개별 과학자나 특정 과학집단, 또는 한 국가 차원이 아닌 인류 전체의 성과로 볼 수 있다. 물론 새로운 발견을 한 명예를 과학자가, 그리고 그가 속한 연구소나 대학 혹은 나라가 같이 누릴 수도 있겠다. 그러나 딱 거기까지다. 그가 행한 연구는 숱하게 많은 이전 연구에 의해 뒷받침되었고, 그 연구들은 국적을 따지지 않는다. '과학자'의 자격으로 연구를 할 때 그는 조국을 생각해서는 안 된다. 초파리 연구나, 소립자 물리 연구나, 하다못해 로켓 발사체 연구를 하더라도 말이다.

과학의 또 하나의 한계를 우리는 여기서 발견하게 된다. 앞서 서술했던 귀납적 정의의 한계, 절대적 진리에 다가가는 과정의 영원성, 앎의 지평이 넓어질수록 무지의 영역도 넓어지는 것이 과학 자체가 지닌 본질적 한계라면, 과학을 하는 인간의 불완전함과 과학이 사회와 맺는 관계의 영역은 또 하나의 한계를 보여준다. 이상적 과학자와 과학자 사회는 그야말로 이상적이어서 현실세계에선 존재할 수 없는 것이다.

우리는 과학자를 얼마나 믿어야 하는가

"그것은 과학적으로 증명되었다." 우리는 흔히 이 말을 어떤 주장이 틀림없이 참임을 보증하는 의미로 사용한다. 과학자들이 연구 결과를 발표할 때는 물론이고, 보통 사람들이 대화할 때나 회사의 광고 문구에서도 곧잘 등장하곤 한다. '과학적으로 증명되었다'는 말로 논쟁을 종결하기도 한다. 그런데 이 말의 의미를 좀 더 생각해보자. 과연 누가 어떻게 증명했다는 건가? 그리고 그 증명은 믿을 만한가? 과학이 발달한 오늘날 보통 사람들은 과학자들의 주장을 검증은커녕 쉽게 이해하기도 힘들다. 결국 논문 등으로 발표된 과학적 주장의 검증은 과학자들 스스로 하게 된다. 그리고 과학자 사회가 건강하게 작동할 때 그 검증은 믿을 만하고, 과학은 발전할 수 있다.

과학자 사회의 자정 기능 중 가장 중요한 것은 전문가 시스템이다. 흔히 법관은 법으로 말한다고 하지만 과학자들은 논문으로 말한다. 과학자 사회에서 타인을 인정하는 가장 중요한 잣대는 얼마나 제대로 된 논문을 썼냐는 것이다. 논문은 그냥 발표되지 않는다. 과학자라면 누구나 이왕 만든 논문, 조금이라도 더 권위 있는 학술지에 발표하길 원한다. 그러나 학술지들은 투고된 논문을 그냥 출간하지 않는다.

먼저 '동료평가peer review'를 거쳐야 한다. 일반인들이 과학자가 작성한 논문의 문제점을 파악하기는 대단히 힘든 일이니, 같은 분야의 전문가들에게 의뢰해서 논문에 문제가 있지는 않은지 파악하는 것이다. 동료 과학자들은 논문을 살펴보고 평가를 한다. "이 논문은 별로 새로 밝혀낸 것이 없다." "논문의 실험이 신뢰가지 못하게 진행되었다." "논문의 결론이 실험 결과와 다르게 비약되었다." 이렇게 작성자의 가슴에 대못을 박는 의견을 포함한 다양한 의견이 나온다. 학술지는 이를 검토해서 논문 게재를 거부하거나, 보완을 요청하거나, 학술지에 싣든지를 결정한다. 심하게는 1년이 넘도록 계속 보완작업을 해야 하기도 하고, 꽤 높은 비율로 거부당한다.

논문이 발표되었다고 끝이 아니다. 중요한 주장을 담은 논문일수록 전세계의 다른 연구팀들이 다시금 재현을 해본다. 재현에 성공하면 성공한 대로, 실패하면 실패한 대로 그 자체가 또 논문이 되기 때문이다. 물론 완전히 동일한 실험을 하기보다는 나름대로 변형된 형태의 재현실험이 대부분이다. 중요한 논문일수록 그 재현실험도 학술지에 쉽게 실리니, 눈에 불을 켜고 재현실험을 하게 된다. 그 과정에서 원래 논문의 잘못이 밝혀지면, 그 논문을 낸 과학자는 만신창이가 된다. 만약 의도적으로 데이터를 조작했다든가 하면 연구 인생은 그걸로 끝이다. 다시 과학자 사회에 들어가는 건 낙타가 바늘귀를 통과하기보다 더 어렵다.

누가 시키지 않아도 과학자 사회는 이런 과정으로 움직이고 과학은 발전한다. 동료평가로 대표되는 전문가 시스템이야말로 과학과 과학자 사회가 제정신으로 움직일 수 있도록 만드는 핵심적인 요소다. 그러나 전문가 시스템에도 명확한 약점이 있다. 동료평가가 항상 공정하고 냉철하게 이루어질 것이라고 본다면, 과학자들을 너무 과대평가하는 것이다. 과학자들도 어쩔 수 없는 인간적 결점을 지닌다. 과학자 사회도 다른 모든 집단들과 마찬가지로 욕망을 가진 개인들의 집합이며, 그 안에서는 일반 사회와 마찬가지로 협잡과 질투, 진영 간의 싸움과 은밀한 뒷거래 등이 당연히 존재한다.

과학의 여러 학문 분야는 20세기 이후 극도로 세분화되어 있다. 그냥 생물학이 아니라 분자생물학이고, 분자생물학 중에서도 세포막의 특정 단백질만 연구하는 과학자들이 있다. 또 생물학에서도 곤충학만, 곤충학에서도 딱정벌레목만, 딱정벌레목에서도 비단벌레만 연구하는 과학자들이 있다. 이렇듯 수많은 과학자들이 각기 아주 세부적인 분야의 연구를 하는 관계로 특정 분야에선 해당 전문가 수가 크게 많지 않은 경우가 꽤 있다. 이런 경우 서로 알음알음으로 다 아는 사이일 확률이 높다. 전 세계에 걸쳐 퍼져 있다곤 하지만 학회 등을 통해 만나고 메일로 교류하는 일은 다반사다. 그래서 올라온 논문에 대해 냉정하고 객관적인 심사를 하기가 쉽지 않다.

때에 따라서는 짬짜미가 이뤄지기도 한다. 논문을 평가하던 과학자가 "당신의 논문에 기존의 연구가 어떻게 영향을 끼쳤는지 보여주는 참고자료가 부족한 것 같군요. 이런 논문을 참고

자료로 보충하면 좋을 것 같습니다"라고 회신을 보냈을 경우, 그가 추천하는 논문은 그 자신이 쓴 것일 경우가 90% 이상이다. 즉 노골적으로 말하진 않지만, "당신의 논문을 통과시켜줄 터이니 내 논문의 인용지수[*]를 높여주시오"라는 이야기다. 물론 논문의 수준이 심히 떨어지면 이런 거래보다는 그냥 게재 거부를 표명하는 경우가 훨씬 더 많지만, 평가한 논문이 발표하기에 무리가 없다 보고 그저 숟가락을 하나 올려놓는 경우도 있다. 또 논문이 약간 부실하지만 어차피 부실한 만큼 학술지에 흔적만 남기고 사라질 것이니, 내 인용지수나 올리자는 생각일 경우도 있다. 또 어차피 서로가 서로의 논문을 평가할 수밖에 없다고 생각하며 내가 당신 논문을 통과시켜줄 터이니 당신도 나중에 내 논문을 통과시키라는 뜻으로 게재에 찬성하기도 한다.

그리고 '마피아'라는 단어와 딱 맞아떨어지는 건 않지만 그것을 어느 정도 연상시키는, 조금 느슨한 형태로 끼리끼리 도움을 주는 사적 집단도 있다. 어떤 과학자가 미국의 모 학술지에 몇 번을 게재 신청을 해도 항상 거부만 당하다가, 미국에서 열린 학회에 가서 영향력 있는 몇 명과 같이 식사와 세미나를 하면서 안면을 텄더니 아주 수월하게 논문이 게재되더라고 토로한 적이 있다. 한두 명이면 우연이랄 수 있지만 실제 꽤나 빈번하게 이런 사례들이 나타난다. 어찌 보면 당연하다. 미국이고 한국이고 간에 서로 안면을 터서 아는 사이라면 모르는 사람보다 조금이라도 더 후한 점수를 주는 것이 인지상정이다.

● 인용지수
발표한 논문이 다른 과학자의 논문에 얼마나 많이 인용되었는지를 나타내는 지수이다. 인용이 많이 된 논문은 일반적으로 그 분야에서 중요한 논문이라고 여겨진다.

그러나 이런 사적인 연결관계는 그 자체로 일종의 권력이다. 실제로 공식적인 집단이 존재하지는 않지만 은연중에 학회나 관련 과학자 사회 내에 영향력을 행사하며 자신의 세를 불린다. 아주 자연스럽게 암묵적 권력으로 존재하는 것이다. 물론 과학자들이 이러한 사적 집단을 필사적으로 유지하기 위해 노력을 하는 경우는 드물다. 그러나 여기도 사회, 특히나 사제관계로 엮인 사회다. 지도교수의 영향력은 우리나라에서뿐만 아니라 전세계적으로 어디에서나 크고, 학맥은 대륙을 넘나들며 존재한다. 석사나 박사과정, 그리고 박사후과정에서 쌓이는 이런 인맥들이 전문가 시스템에 동맥경화를 일으키는 것이다.

문제는 전문가 시스템은 이런 사정을 계속 안고 가야 한다는 점이다. 설령 '그들만의 리그'라고 해도 과학적 성과에 대한 평가는 전문가들에게 맡겨둘 수밖에 없다. 이를 투표나 외부 감사로 해결할 수는 없다. 과학적 주장을 민주적으로 전체 사회의 투표로 평가한다면, 지동설이나 진화론은 진작 폐기되었을 것이다. 그러니 중요한 것은 전문가 시스템이 건강하게 잘 작동하도록 하는 것이리라. 항상 누군가가 비판하고 지적하면서, 이 시스템이 과학 오작동을 하지 않도록 조절하는 것이 최선일 것도 같다. 여기에서 시민사회가 할 역할이 있다.

미국 시민단체 중 리트랙션 위치Retraction Watch라는 단체가 있다. 국제 논문 표절 감시 사이트인데, 학술지에 게재된 논문이 철회된 사례를 전문적으로 파악해서 정리하는 웹사이트를 운영하는 일을 주로 한다. 학술지에 게재된 논문이 철회되는 것은 연구자 개인에게도, 그 학술지에도 신뢰와 경력에 타격을 입는 대단히 중요한 일이다. 어지간한 흠결이 발견되지 않으면 웬만해서는 학술지에 게재된 논문을 철회하는 일은 거의 없다. 따라서 논문이 철회되었다는 것은 데이터가 조작되었거나 대단히 중대한 실수(좋게 봐줘서)를 했다든가 아니면 표절이었다든가 하는 문제가 있었다는 이야기다.

그런데 학술지에 따라선 논문 철회 사실을 그렇게 명확하게 알리지 않는 경우가 꽤 많다. 사실 학술지로서도 논문을 철회한다는 것은 동료평가 등의 사전 작업이 엄밀하지 못했다는 의미니 그리 알리고 싶지 않을 법하다. 그래서 리트랙션 워치가 그런 논문 철회 사항을 꼼꼼하게 확인하고 공개하는 것이다. 마치 시민단체가 국회의원이나 여타 정치인들의 여러 정치활동을 면밀히 감시하는 것과 비슷하다. 아직 우리나라에선 과학기술 분야에 이런 시민감시단체가 없지만 여러 곳에서 논의가 진행되고 있으니 그런 활동을 기대해볼 수도 있겠다.

이와 관련하여 일부에서는 오픈액세스Open Access정책을 제시하기도 한다. 연구자에 대한 평가가 논문 게재 횟수 등의 정량적 평가로만 진행되는 현행 방식에 문제가 많으니, 차라리 모든 논문을 누구나 조회할 수 있도록 공개하자는 것이다. 물론 시민단체의 감시활동을 전제한 이야기다. 이렇게 모든 논문이 공개되면 일단 지식의 공유라는 차원에서는 대단히 좋은 일이고, 또한 데이터 조작이나 자료가 엄밀하지 못한 논문 등은 쉽게 게 재할 수 없게 되므로 나쁘지 않은 일이다. 물론 비용과 여타 관리에 필요한 제도적 장치는 필요할 것이다.

사실 전문가 시스템의 폐해는 과학만의 문제는 아니다. 현대 사회가 워낙 각 분야마다 전문화되다보니 모든 분야에서 전문가 시스템은 작동중이다. 문학이든 예술이든 철학이든 그 어떤 학문도 사정은 비슷하다. 물론 분야에 따라 더 잘 작동되기도 하고, 혹은 담합 비슷한 자기들만의 리그가 되기도 한다. 어찌되었건 과학자 사회의 전문가 시스템은 그럭저럭 자기 역할을 하고 있기는 하다.

온전히 해내지 못하는 것이야 과학이라는 학문의 한계라기 보다는 과학자 사회의 한계일 것이다. 그러니 중요한 건 과학이 무오류한 학문이 아닌 것처럼, 과학자들도 결점이 있고 잘못을 한다는 걸 인식해야 하는 일이다. 그들의 전문성을 인정하고 신뢰하되, 그들 주장의 진의를 의심할 줄도 알아야 한다. 구체적인 방법까지는 답을 제시할 수 없어도 전문가 시스템이 제대로 작동하기 위해서라도 시민의 감시가 필요하다는 점만은 분명하다. 과학자 사회가 무오류하다는 환상을 깨고 스스로 한계를 인정하는 과정에선 과학계 바깥의 견제가 요구되는 것이다.

과학과 자본주의

　과학을, 아니 과학자를 의심해야 하는 대표적인 경우는 그 과학자의 연구가 누군가의 이익과 깊이 결부돼 있을 때다. 돈, 혹은 자본의 힘은 과학의 세계에도 힘을 발휘해 원하는 결과를 뽑아내곤 한다.

　많은 과학자들이 '인간에 의한 지구 온난화'가 과학적 사실임을 밝혀왔지만, 상당한 수의 사람들이 그것을 부정한다. 미국의 대통령 트럼프가 그중 대표적이며, 같은 생각을 하는 정치인들도 여럿이다. 그런데 트럼프에게 누가 '인간에 의한 지구 온난화'는 잘못된 정보라는 이야기를 했을까? 미국은 묘하게도 합법적인 로비스트가 존재한다. 로비스트가 정치인을 만나 자신이 대변하는 집단의 여러 가지 요구를 관철시키려 노력하고, 그와 더불어 여러 정보를 주는 것이 당연한 나라다. 그 로비스트 중 몇 몇이 트럼프와 같은 정치인들에게 여러 가지 데이터를 들이밀며 '인간에 의한 지구 온난화'는 거짓말이라고 이야기했을 것이다. 그러면 그런 데이터는 어디서 나왔을까?

　다른 사람들을 설득하기 위해서는 근거가 필요하고, 그 근거는 신뢰가 갈 만해야 한다. 권위가 실리면 더 좋다. 세계에는 그리고 미국에는 이런 일에 돈 쓸 준비가 된 이들이 있다. 바로 '인간 활동에 의한 지구 온난화' 주장에 타격을 받는 기업가들이다. 이를테면 석유회사라든가 또는 석탄 개발업자 등이 대표

'뜨거워지는 지구'에 눈 감는 트럼프

인류 보편적 가치 잇단 외면

인권 존중·자유 무역 경시 이어
파리 기후 협정도 탈퇴 시사
EU·中 등은 "협정 이행 노력"
美 글로벌 리더 권위 심각한 손상
"美 중심 세계 질서의 종언" 분석도

(이하 기사 본문 및 관련기사 3면 — 판독 불가)

2017년 6월, 미국 트럼프 대통령은 파리기후변화협약이 미국의 이익에 반한다며 탈퇴 선언을 했다. 이 협약은 이산화탄소를 비롯한 온실가스 배출을 줄여 지구의 온도 상승을 막기 위한 국제 협약으로 총 195개 국가가 서명했지만, 미국이 탈퇴하면서 큰 위기를 맞았다.(국민일보, 2017년 6월 2일)

적이다. 이들은 과학자들에게 돈을 댄다. 물론 뇌물처럼 은밀한 돈은 아니다. 아주 합법적으로 연구기금을 기부한다. 과학자들은 이 돈으로 자기들끼리 연구를 수행한다.

지구 온난화와 같은 전지구적 문제를 밝혀내는 것은 사실 굉장히 복잡하고 어렵다. 우선 대기 중 이산화탄소 농도가 실제로 증가하고 있는지에 대한 실증적 연구가 필요하다. 한두 곳에서만 측정할 수도 없고, 1~2년만 측정할 수도 없으니 시간과 노력과 돈이 어마어마하게 들어간다. 또한 이산화탄소 농도가 증가한다 하더라도 이것이 화석연료의 사용 때문인지, 화산활동에 의한 것인지 아니면 전세계 삼림면적이 축소되어서인지 등등의 아주 다양한 요인들을 확인해야 하기도 한다. 그리고 이산화탄소 농도가 증가하더라도 이것이 지구의 평균온도를 상승시켰는지 아닌지도 확인해야 한다. 또 지구의 평균온도가 상승했다 하더라도 이산화탄소의 농도 증가가 그에 미친 영향이 얼마나 되는지도 규명해야 한다. 고려해야 할 사항이 매우 다양하다.

따라서 연구 방법도 사람들마다 다르고, 그 결과도 다르다. 지구 온난화를 둘러싼 과학 논쟁이 실로 오랫동안 진행된 이유다. 그러나 지금껏 몇십 년간 수백수천의 연구팀들이 독자적으로 연구한 성과들을 모아보면 '인간의 화석연료 사용에 의해 대기 중 이산화탄소 농도가 증가했고, 이로 인해 지구의 평균온도가 상승하고 있음'은 확정된 결론이다. 미국의 대표적인 과학 단체인 미국 국립과학아카데미 소속 과학자 250명이 2010년 5월 과학 학술지 『사이언스』에 「기후 변화와 과학의 진실성Climate Change and the Integrity of Science」란 제목의 특별 성명을 게재해서 '인간에 의한 지구 온난화'는 진화론이나 양자역학처럼 자명한 사실이라고 선언하기도 했다.

'인간에 의한 지구 온난화'를 부정하는 연구는 사실 제대로 된 학술지에 실릴 가능성이 별로 없다. 그 연구라는 것도 여기저기 구멍이 숭숭 뚫려 어설픈 경우가 대부분이기도 하다. 여기에 기업의 자금이 들어온다. 이 일련의 연구자들은 그 자금으로 학회를 만들고 컨퍼런스를 여는 등 다양한 활동을 한다. 그리고 역시 그 자금으로 학회 명의의 학술지를 만든다. 그리고 자기들이 만든 학회의 학술지에 자신들의 논문을 발표한다. 물론 서로서로 상대방의 논문을 인용하여 임팩트 팩터impact factor•와 피인용지수를 높이는 품앗이도 놓치지 않는다. 이런 활동들이 쌓이면 이제부터는 로비스트의 영역이다. 로비스트들은 이 학회의 학술지와 자료, 그리고 컨퍼런스의 결과들을 보기 좋게 포장하

• **임팩트 팩터**
학술지에 대한 평가척도의 한 가지로 그 학술지에 실린 논문의 인용지수를 평균 낸 수치다.

가습기 살균제 사건은 자본의 요구에 따라 과학이 잘못된 결과를 내놓을 때 큰 재앙이 닥칠 수 있다는 걸 보여준다.(한국일보, 2016년 5월 9일)

여 정치인들에게 전달한다. 그 뒤는 여러분이 아시는 결과다.

지구 온난화를 가장 대표적인 예로 들었을 뿐 다른 사례도 많다. 담배회사가 흡연으로 인해 폐암에 걸린 이들과의 소송에서 이용한 것도 과학자들의 연구 결과였다. 얼마 전 문제가 된 가습기 살균제에서도 이런 문제가 발생했다. 가습기 살균제를 만든 기업이 자사 제품에 대한 연구용역을 대학 연구팀에 주었다. 물론 연구비도 회사 자금으로 제공했다. 대학의 연구팀은 여러 방법으로 조사를 했고, 데이터가 축적이 되었다. 그리고 제품의 독성이 적게 나타난 데이터만으로 결과를 보고했다. 조사 과정에서 나온 데이터 중 독성이 심하게 나타난 데이터는 외면

한 것이다.

굳이 자신의 마음속에서 들려오는 양심을 속이지 않아도 되는 방법도 있다. 지금도 많은 기업들이 자신들에게 도움이 되는 연구에 연구비를 제공한다. 건강보조식품을 만드는 회사들은 자사 제품에 대한 효능 연구를 위해 자금을 대고 용역을 준다. 한 연구팀에만 제공하는 것이 아니라 여러 연구팀에 각각 제공한다. 각 연구팀은 자신들의 연구 결과를 회사에 제공한다. 회사는 여러 연구팀의 결과물 중 자사에 가장 유리한 결과만 발표한다.

연구자들은 제대로 과제 연구를 했으니 그 결과를 기업체에서 어떻게 이용하는지는 관심 밖이라고 항변할 수도 있다. 그러나 정말 그럴까? 정말 의미 있는 연구 결과가 나왔다면 왜 학술지에 게재하지 않을까? 학술지에 게재하지 않은 게 아니라 못한 것은 아닐까? 동료평가를 받고 게재할 만큼의 제대로 된 연구가 아니라서는 아닐까? 혹은 데이터는 제대로 분석했지만 그 과제 자체가 해당 분야 학문의 발전에 기여할 만한 게 아니라 여겨서는 아닐까?

2018년 《뉴스타파》가 파헤쳐 문제가 되었던 가짜학술대회나 가짜학술지의 문제도 이것과 연관되어 있다. 보도에 따르면, 돈만 내면 참석과 게재를 허가해주는 가짜학술대회와 가짜학술지가 수백 개가 있으며 국내학자들 수천 명이 거기에 이름을 올려 자신들의 연구실적을 부풀렸다고 한다. 과학윤리의 관점에서 보면, 이런 사이비 학술단체의 범람은 심각한 일이다. 학회와 학술지의 신뢰도가 낮아진다는 것은 전문가 시스템이 제대로 작동하지 않는다는 것을 의미한다. 열심히 연구해서 제대로 된 논문을 내기보다는 대충 요건만 갖춘 논문과 연구가 횡행하게 되면 과학 생태계 자체가 허물어질 우려가 있다. 악화가 양화를 구축하는 것이다.

또한 이는 기업과 과학자집단 간의 은밀한 거래를 가능케 한다. 앞서 서술한 것처럼 기업의 과제를 받아 연구를 하더라도 논문을 게재할 때나 학회 컨퍼런스에 참가했을 때 엄밀한 동료평가가 뒤따른다면 과학자는 쉽게 기업 측에 유리한 결과를 '의도'할 수 없다. 그러나 진입 장벽이 낮은 학회와 학술지가 많다면 기업의 요구에 쉽게 넘어가는 과학자들이 생기게 된다. 이렇게 전문가 시스템이 허물어지면 과학자집단 전체의 신뢰가 낮아지고 이는 필연적으로 과학 전반의 신뢰 상실로 이어진다.

물론 이전에도 이런 문제가 없었던 것은 아니다. 과학이 전문직업이 되기 전에도 후원자와의 관계는 대단히 중요했다. 과학을 취미활동으로 해도 문제없을 정도의 부를 가지지 못한 과학자들은 후원자의 요구를 일정하게 들어줄 수밖에 없었다. 실용적으로 당장 이익을 가져다주는 기술을 개발하는 경우가 아닌 대부분의 과학은 대개 비용만 들어가고 수익은 거의 나지 않는다. 하지만 과학자들은 이 일로 생계를 해결해야 한다. 이는 과학자도 생활인이기에 가지는 영원한 한계다. 과학이 자본의 유혹으로부터 스스로를 지키기 위해 어떠한 노력을 해야 하는지는 이제 21세기 과학계가 맞이한 가장 중요한 도전이 되었다. 그리고 이 문제 또한 과학과 과학자만으로는 해결할 수 없다. 과학이 사회와 만나는 가장 첨예한 지점이다.

4장

과학이론이
변화시킨
생각의 지평

코페르니쿠스와 인간중심주의

흔히 어떤 가치관이나 신념이 완전히 바뀌는 것을 일컬어 '코페르니쿠스적 전환'이라고 한다. 사실 우리에게는 이 말의 의미가 서양인들만큼 확 다가오진 않을 것이다. 서양 사람들에게 아리스토텔레스는 일종의 세계관이었다. 우주의 체계에서부터 역학이나 생물학 같은 과학의 영역에서도 그렇지만, 그의 철학을 밑바탕으로 한 스콜라 철학에 이르기까지 학문과 종교의 모든 영역에서 아리스토텔레스는 그야말로 권위Dogma 그 자체였다. 중세에서 르네상스에 이르기까지 유럽의 대학에서는 그의 저서 『기관』을 필수적으로 가르쳤다.

이런 아리스토텔레스의 모든 체계가 무너지고 새로운 세계관이 형성되는 것이 16세기에서 17세기에 이르는 과학혁명 시기였다. 그리고 그 시작은 폴란드의 사제이자 천문학자 그리고 수학자였던 코페르니쿠스였다. 서양 사람들에게 코페르니쿠스적 전환이란 그야말로 천년왕국의 전복과 같은 거대한 충격이었다.

니콜라우스 코페르니쿠스는 폴란드의 나름 괜찮은 집안에서 태어나 그곳에서 대학을 나오고 이탈리아로 유학을 간 꽤나 전도유망한 젊은이였다. 이탈리아로 유학을 보낸 집안의 바람은 로마교황청의 중요한 인물들과 교류를 맺고, 이탈리아 르네상스의 학문적 성과를 흡수하며, 교회법을 제대로 배워 교회 고위직이 될 자격을 얻는 것이었다. 그렇지만 코페르니쿠스가 이탈리아에서 얻어온 것은 교회법 박사 학위만이 아니었다. 그전부터 관심을 가지고 있었던 천문학의 최신 성과와 신플라톤주의의 세례도 받고 왔다.

앞서 말했듯 당시 대학에서 가르치는 학문들은 모두 아리스토텔레스의 세계관을 기초로 하고 있었다. 그러나 15세기에서 16세기에 이르는 유럽에는 아리스토텔레스 외의 사상이 점차 그 뿌리를 내리고 있었는데 그중 대표적 사상이 신플라톤주의였다. 신플라톤주의는 당시 이탈리아의 메디치가Medici family를 중심으로 널리 퍼지기 시작했다. 이탈리아에 유학 온 코페르니쿠스 또한 그 사상을 접하게 된다. 물론 신플라톤주의의 영향을 받은 것은 코페르니쿠스만은 아니었다. 당시의 많은 수학자들은 기하학적 원리를 강조하는 신플라톤주의에 자연스럽게 경도될 수밖에 없었는데, 과학혁명을 이끈 많은 이들이 여기에 포함되어 있다. 케플러, 갈릴레이 또한 마찬가지였고 뉴턴도 일정하게 그 영향의 범주 안에 있다.

어찌되었건 당시 천문학의 과제는 2000년 동안 지속된 원운동의 문제였다. 지상계와 달리 천상계는 그 자체로 완전하다 여겨졌고, 따라서 천체들은 기하학적으로 가장 완전한 원을 그리며 운동해야 했다. 하지만 행성들의 움직임은 완전한 원에서 어긋났다. 2000년 동안 여러 가설과 이론을 동원해봤지만, 행성들이 원운동을 하는 천체를 그려낼 수 없었다.

그런데 코페르니쿠스가 이탈리아에서 발견한 한 문서에서 고대 그리스의 천문학자 아리스타르코스는 태양이 우주의 중심이고 지구가 금성과 화성 사이에서 태양 주위를 돈다면, 행성들의 이상야릇한 운동이 완전히 이해된다고 주장했다. 코페르니쿠스도 직접 계산을 해봤으리라. 그러고는 그 우아함에 빠져버렸다. 그러나 아리스타르코스의 주장이 2000년 전에 외면받은 건 여기에 결정적인 흠결이 존재했기 때문이었다. 바로 그 주장 자체, 지구가 우주의 중심이 아니라는 것.

일찍이 아리스토텔레스는 세계를 지구와 우주로 나눴다.(그의 표현으로는 지상계와 천상계.) 이 주장은 너무나 당연해서 누구도 왜 그렇게 나누는지를 묻지 않을 정도였다. 세상 어디의 신화라도 세계를 인간이 사는 지상과 신들이 사는 천상으로 나눈다. 모든 신화에서 주인공은 '신'이 아니라 인간이고, 인간이 사는 이 지상은 당연하게도 주인공의 무대이니 세계의 중심이다. 이는 고대 그리스에도 그랬고, 기독교에서도 당연한 일이었다. 신은 천지를 창조할 때 하늘과 땅을 나누고, 땅에서 물을 거둬 바다를 만든다. 그리고 그 땅 위에 물짐승과 날짐승, 바다에 물고기를 두고 마지막으로 인간을 창조한다. 그 인간이 창조된 곳이 신의 의지를 관철하는 온 우주의 중심임은 당연한 일이 아닌가.

코페르니쿠스는 이후 조국 폴란드로 돌아가 낮에는 사제로서의 일을 보고 밤으로는 천문학자의 삶을 살면서 밤마다 하늘을 보며 지구가 중심이 되는 우주가 우아하게 작동하길 바랐다. 그러나 긴 시간 동안의 관측 결과, 지구중심설(천동설)과 기하학적으로 우아한 우주는 결코 양립할 수 없다는 결론에 이르렀다. 이런 내용들은 서한을 통해 지인들에게 알려졌고, 마침내 나이 든 그에게 한 인쇄업자(지금으로 치면 출판사 사장)가 찾아와 그 내용을 책으로 출간할 것을 권한다.

책 『천구天球의 회전에 관하여』 서두에서 그는 "우주와 지구는 모두 구형이다. 천체가 원운동을 하는 것처럼 지구 또한 원운동을 한다고 생각할 수 있다. 지구가 원운동을 한다면 행성의 겉보기 운동이 나타내는 불규칙성은 간단하고 합리적으로 이해할 수 있다"고 썼다. 그의 책은 총 6권인데 2권 이후는 각 행성의 궤도에 대한 계산으로 전문적인 지식이 없는 경우 읽기가 쉽지 않았다. 사실 그렇기 때문에 오히려 초기에 교회 측의 반

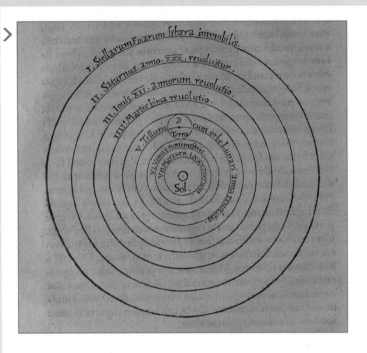

코페르니쿠스가 생각한 태양계의 모습. 그는 가운데 태양(Sol)을 증심으로 행성들이 완전한 원 운동을 한다고 생각했다. 그러나 태양이 중심이라는 건 맞았지만, 행성은 사실 원이 아닌 타원 궤도로 공전하고 있다.

응이 예상외로 적었을지도 모른다.

책에서 누누이 이야기하는 것처럼, 사실 그는 기존의 질서와 권위에 도전하려는 생각은 없었다. 플라톤의 '원으로 현상을 구제하라'는 명령에 충실했을 뿐이다. 플라톤의 명을 받들기는 마찬가지였지만 원운동으로 천체의 움직임을 설명하지 못했던 프톨레마이오스를 중심으로 한 기존 천문학을 수정하고 싶었을 뿐이었다. 기존의 권위에 도전하여 자신이 새로운 이정표를 세우겠다는 의식보다는 오히려 기하학적으로 우아한 우주에 대한 집착이 더 컸다. 이는 앞서 밝힌 것처럼 이탈리아에서 접한 신플라톤주의에 영향 입은 바가 크다 하겠다. 그로선 도저히 양립이 되지 않는 둘 사이에 하나를 선택할 수밖에 없는 상황이 오히려 힘들었을 것이다. 그러나 선택의 순간이 되자 그는 지구 중심의 우주를 포기하고, 우아하게 원운동을 하는 우주를 선택했다. 지구가 우주의 중심에 있는 모델에서의 기괴한 궤도 운동은 도저히 용납될 수 없었던 것이다. 그는 끝까지 플라톤의 편이었던 셈이다.

코페르니쿠스의 생각과 의도가 어떠하든 그가 만든 우아한 우주에 의해 인류는 이전과 다른 방향으로 걸어갔다. 그의 태양 중심설에서 지구는 우주의 중심을 태양에게 양보하고 우주의 변두리로 자신을 위치 지웠다. 당연히 인간도 마찬가지로 우주의 중심에서 벗어나게 되었다. 우리 스스로가 짊어졌던 우주의 주인공 위치에서 걸어 내려왔다. 또한 지구가 세상의 중심이 아니라는 태양중심설은 인간중심주의를 표방하던 르네상스와의 결별을 상징한다. 이제 인류는 스스로를 객관적으로 보는 눈을 가지게 되었다. 르네상스에서 과학혁명으로의 전환이자 근대로의 전환이었던 것이다.

'라플라스의 악마'와 계몽주의

프랑스의 수학자 피에르시몽 드 라플라스는 한 에세이에서 이렇게 쓴다. "우주에 있는 모든 원자의 정확한 위치와 운동량을 알고 있는 존재가 있다면, 이 존재는 뉴턴의 운동 법칙을 이용해 과거, 현재의 모든 현상을 설명해주고 미래까지 예언할 수 있다." 이 존재를 흔히 '라플라스의 도깨비' 또는 '라플라스의 악마'라고 부른다. 물론 실제로 가능하진 않다. 우주의 무수히 많은 원자들의 위치와 질량 그리고 속도를 모두 안다는 것 자체가 불가능한 일이니.

하지만 만약 그게 가능하다고 가정해보자. 그렇다면 앞으로 벌어진 모든 현상을 정확히 예측할 수 있으며, 우주의 모든 미래는 미리 정해진다. 그리고 이는 다시 우리가 어떻게 하든 미래가 변하지 않는다는 뜻이 되고, 인간의 자유의지가 존재하지 않는다는 결론에 도달한다. 지식이 늘어나면 삼라만상을 모두 파악할 수 있다는 것, 이런 생각은 라플라스만의 고유한 생각이 아니라 18세기에서 19세기 사이 유럽 지식인 사이에서 주류까지는 아니더라도 상당히 폭넓게 공감되는 것이었다.

비슷한 시기 독일의 과학자이자 철학자며 수학자이고 정치가이기도 했던 고트프리트 빌헬름 라이프니츠는 "모든 것은 수학적으로 진행된다. 만약 누군가가 사물들의 내부를 볼 수 있는 충분한 통찰력을 가질 수 있다면, 그리고 이 모든 상황을 생각하고 고려할 수 있는 기억력과 지식을 가진다면, 그는 예언가가 되고 미래를 볼 수 있을 것이다"라고 말한다. 또 18세기 세르비아의 과학자 보스코비치도 "지금 만약 힘의 법칙이 알려져 있다면, 또 어느 주어진 순간에 모든 점들의 위치·속도·방향도 그러하다면, 이러한 종류의 지성이 그 다음 필연적으로 이어지는 운동과 상태들을 예견하고, 그에 따른 모든 현상을 예측할 수 있을 것이다"라고 이야기했다.

이런 발상의 시작은 데카르트였다. 앞서 서술한 것처럼 데카르트의 기계론적 세계관은 모든 사물의 제반 현상을 사물의 충돌로 해석했다. 여기에 뉴턴이 제시한 운동의 법칙은 완전히 기름을 부었다. 뉴턴의 역학으로 온 우주의 운동이 모두 설명 가능해졌다. 마치 우리가 당구채로 공을 칠 때 미리 공의 움직임을 예상하는 것처럼, 온 우주 모든 물질의 세 가지 상태—질량과 위치와 속도—를 알면 앞으로 일어날 모든 일을 미리 예측할 수 있다고 믿게 되었다.

이성의 힘은 무한하며, 인류는 모든 무지를 넘어 모든 것을 알게 될 것이라는 이런 생각이 퍼지면서 계몽주의가 탄생하고 유행하게 된다. 명백히 베이컨과 데카르트 그리고 특히 뉴턴의 영향이 절대적이었다. 물론 16세기부터 시작된 식민지 확대와 이 과정에서 확인된 유럽의 강함에 대한 자부심도 한몫을 했지만, 기점을 잡는다면 역시 뉴턴이었다. 뉴턴 이후에 많은 과학자들이 뉴턴식의 방법으로 여러 과학 분야에서 성과를 올리며, 과학은 눈부시게 발전해간다.

샤를 쿨롱Charles de Coulomb은 뉴턴의 만유인력을 본떠서 전기력의 법칙을 창안했고, 다행히 이 법칙은 실제 전기 현상을 제대로 설명했다. 전기력과 중력이라는, 당시로서는 모든 힘의 근본이 된다 여겼던 두 힘을 인간 이성으로 파악했다는 것은 인류사 전체로 보아도 대단히 중요한 장면이다. 뉴턴과 라이프니츠의 미분법은 수학에서도 획기적인 성과를 올렸으며, 데카르트의 해석기하학은 대수학과 기하학을 연결했다. 그 외에도 일일이 열거하기도 힘든 수학자들이 확률론·정수론·해석기하학 등 다양한 분야를 개척하면서 근대 수학을 형성했다. 화학은 드디어 연금술의 딱지를 떼고 본격 과학으로서의 길을 걷기 시작한다. 압력과 부피, 온도 등에 대한 세밀한 관측과 실험을 통해 화학은 이제 정량분석의 틀을 확보하고, 학회지를 만들고 학문의 세계로 진입한다. 세포의 발견은 동물학과 식물학으로 양분되어 있던 생명 현상에 대한 탐구를 생물학이라는 단일 학문으로 만들어주었다. 아메리카·인도·동남아 등지의 새로운 동식물이 표본이 되어 유럽으로 왔고, 이들을 동정同定하면서 분류학이라는 새로운 학문 분야가 생물학 내에 자리를 잡는다. 하비를 비롯한 과학자들은 아리스토텔레스와 히포크라테스가 지배하던 2000년 전의 생리학과 이별하고, 해부학을 기반으로 하는 생리학의 새로운 세대를 연다.

이 시기 눈부신 과학의 발전은 가히 '과학혁명'이라는 용어를 쓰기에 부족함이 없었다. 인간 이성이 우주 만물의 원리를 그 궁극에 이르기까지 파악할 수 있다는 자신감이 생겼다. 더구나 고대 그리스의 아리스토텔레스를 근 2000년 만에 뛰어넘어 유럽이 독자적으로 성취한 것들이 아닌가. 계몽주의는 인간 이성에 대한 절대적 믿음을 기반으로 가진다. 이성에 대한 믿음을 확고하게 만든 것은 결국 베이컨-데카르트-뉴턴으로 이어지는 과학의 새로운 흐름이었다.

과학혁명을 배경으로 하여 프랑스를 중심으로 형성된 계몽주의는 18세기 유럽 곳곳으로 퍼져 나갔고, 단순한 사상이 아니라 프랑스대혁명을 통해 근대를 형성하게 된다. 또한 계몽주의는 19세기부터 유럽을 벗어나 당시의 식민지 곳곳으로 퍼져 나간다. 우리나라의 경우도 일제강점기에서부터 시작된 계몽운동이 해방 후에도 대학생 농촌활동과 야학 등으로 지속되었다. 물론 계몽주의 자체는 무지한 민중을 지식인이 일깨우자는 식의 엘리트주의적 모습을 가지고 있었으며, 그런 면에서 비판받기도 한다. 그러나 계몽주의가 보여주는 인간 이성에 대한 신뢰는 당시 유럽의 자신만만함과 역사적 진보에 대한 믿음이 얼마나 확고했는지를 알려준다.

과학의 발달로 싹트고 뻗어나간 계몽주의였지만 그 쇠퇴에도 역시 과학이 일정한 역할을 담당한다. 19세기 말에 시작하여 20세기에 그 꽃을 피운 양자역학은 인간 인식에 '이론적 한계'가 존재함을 보여주며 지식인 사회에 커다란 파장을 일으킨다. 하이젠베르크의 '불확정성의 원리'는 우리가 물체의 위치와 속도를 정확하게 아는 것이 정녕코 불가능함을 말해주었다. 우주의 모든 미래를 알고 있는 라플라스의 악마를 다시 떠올려보자. 이전까지는 현실적으로 우주에 존재하는 모든 원자의 정확한 위치와 운동량을 알 수 없기 때문에 우주의 미래를 예측할 수 없는 것이지, 이론적으로는 그것이 가능하다고 생각했다. 하지만 양자역학은 원자의 정확한 위치와 운동량을 아는 것이 원리적으로 불가능하다고 선을 그었다. 실험이 아무리 정밀해져도 우리는 물질의 위치를 정확하게 알 수 없다. 다만 근사적으로 알 뿐이다. 마찬가지로 물질의 운동 상태도 근사적으로 알 수 있을 뿐이다. 물론 일상에서 불확정성의 원리가 구현하는 불확정성은 의미가 없을 정도이며, 원자나 전자 같은 작은 세계에서만 실질적으로 나타나는 것이다. 그렇지만 인간의 인식에 본질적 한계가 존재한다는 사실 자체가 주는 충격은 엄청났다.

천문학에서도 새로운 사실이 충격을 주었다. 우주는 빅뱅 이래로 끊임없이 팽창하고 있으며 차갑게 식어간다는 사실이 알려졌다. 즉 우주도 영원하지 않으며 언젠가는 멸망한다는 것이다. 서서히 우주 전체의 온도는 끊임없이 내려가고, 마침내 모든 것이 얼어버린 적막한 우주로 남게 될 것이다.(우주가 팽창을 거듭하다가 다시 수축할 수도 있다는 주장도 있으나 천문학계 내에서는 소수설에 불과하다.) 지구조차도 앞으로 40억 년 정도의 수명만을 가질 것이라고 예고되었다. 40억 년 정도 지난 뒤 태양이 부풀어올라 거대한 붉은 불덩이가 되어 지구를 집어삼킬 것이다. 이 모든 천문학의 예측은 '영원한 그리고 변함없는 우주'라는 아리스토텔레스 이래의 우주관을 과거의 일로 돌려버렸다. 인류는 이제 예정된 멸망 앞에 서 있다. 영원한 진보를 추구하던 계몽주의의 이상이 산산조각 난 것이다.

완성될 것 같았던 물리학은 오히려 더 많은 질문 앞에 서 있다. 천문학 역시 마찬가지다. 암흑물질, 암흑에너지, 빅뱅 초기의 상황 등 우주에는 아직 우리가 그 답을 모르는 질문들이 쌓여 있으며, 어떤 질문이 있는지조차 모르는 무지 너머의 무지가 자리하고 있다. 이제 라플라스의 악마는 사라지고, 인간 이성은 그 한계를 깨닫기 시작했다. 인간의 이성으로 모든 것을 파악할 수 있을 것이란 자신감은 과학이 발전할수록 더 많은 모름이 있다는 사실 앞에 고개를 숙이고 말았다.

아인슈타인과 정상우주론

오늘날 사람들은 대부분 우주가 빅뱅으로 탄생했으며, 계속 팽창중이고, 결국 끝이 있다는 걸 안다. 이런 지식은 지금은 상식에 속한다. 그러나 이것이 상식이 된 지는 얼마 되지 않았다. 많은 사람들이 우주가 폭발로부터 탄생하고, 팽창한다는 사실을 받아들이지 않았다. 심지어 아인슈타인조차 그랬다. 그는 영원히 변하지 않는 우주 모델을 만들기 위해 자신의 일반상대성이론을 수정하기까지 했다.

이러한 정적인 우주관(빅뱅설과 대비해서 '정상우주론'이라 불렸다)은 아리스토텔레스부터 이어진 고대 그리스 천문학의 전통

● 『알마게스트』
프톨레마이오스가 2세기 무렵 저술한 천문학 책으로, 천동설을 기반으로 천체의 운동을 수학적으로 기술했다. 과학혁명 이전까지 1500년가량 천문학계의 정전(正典)으로 여겨졌다. 원래 제목은 '천문학 집대성'이었지만 이슬람 천문학자들이 경의를 표하기 위해 아랍어로 '가장 위대한 책'이란 뜻의 '알마게스트'라는 이름을 붙였고, 아랍어 역본이 널리 퍼지면서 그렇게 알려지게 됐다.

에서 비롯된 것이다. 흔히 서양 문명에 가장 크게 영향을 끼친 두 가지 사상 혹은 가치관으로 헬레니즘과 헤브라이즘을 든다. 간단히 말해서 고대 그리스 문명과 기독교다. 그런데 최소한 천문학에 있어서만큼은 고대 그리스의 영향력이 기독교에 비해 압도적이다. 초기 중세에는 천문학이라는 학문 자체가 제대로 성립되질 못했으며, 기껏해야 점성술 정도만이 존재했을 뿐이다. 아랍에서 번역된 프톨레마이오스의 『알마게스트Almagest』가 유럽에 준 충격은 엄청났다. 『알마게스트』가 번역된 10세기 후에야 유럽에서도 천문학이라는 학문이 성립했다고 해도 과언이 아니다. 『알마게스트』는 아리스토텔레스의 우주관을 헬레니즘 시대에 가능한 관측자료를 바탕으로 하여 최대치로 뽑아낸 것이었다. 아리스토텔레스의 우주관을 압축 정리하자면, 먼저 우주는 지구를 중심으로 하며 크게 지상계와 천상계로 나뉜다. 지상계는 달 아래쪽의 지구와 지구에 포함된 대기를 가리킨다. 달보다 위쪽으로는 행성들과 태양이 존재한다. 이들은 각기 자기가 포함된 천구에 붙어 있으며 천구 자체가 움직인다. 그 바깥으로는 우주의 끝, 경계에 별들이 붙어 있는 천구가 있고, 이 천구의 운동으로 별의 움직임을 설명한다. 이 우주는 시작도 끝도 없으며, 현재 관측되는 모습 그대로 영원하다. 물론 아리스토텔레스의 우주관에서도 최초의 동인動因은 있다. 그러나 이는 우주를 움직이게 만드는 추상적 존재이고 동인이지 이 동인에 의해 우주가 시작되었다는 뜻은 아니다. 앞서 서술했듯이 아리스토텔레스의 '부동의 동자' 개념은 창조주가 아니라 그저 우주에 존재하는 모든 운동의 최초 원인 정도다.

기독교적 세계관은 이와 다른 우주를 상정한다. 물론 지상계와 천상계가 나뉘는 건 같지만, 우주는 시작(천지창조)과 끝(종말)을 가지는 직선적 세계이다. 즉 쏘아진 화살이다. 쏘는 순간이 있고, 표적지에 박히는 순간이 있다. 그 사이 날아가는 동안만이 우주가 존재할 수 있는 시간이다. 그러나 우주의 종말이라는 기독교적 세계관은 종교 이외의 지식인층, 특히 천문학에는 별다른 영향을 미치지 못했다. 중세 내내 종말론적 사고와 그에 의한 여러 사건은 있었지만 유럽의 지식인과 철학에 미친 영향은 거의 없었다.

그리하여 르네상스 이래 20세기가 될 때까지 유럽 천문학이 생각한 우주는 '시작보다 먼저 있었고, 최후보다 나중까지 존재하는' 곳이었다. 그리고 그 전통을 잇는 서양의 천문학자들에게도 우주는 고래로 아리스토텔레스적 우주였다. 코페르니쿠스가 우주의 중심을 지구에서 태양으로 돌려놨어도, 갈릴레이가 우주에 존재하는 태양과 달에서 흑점과 크레이터crater를 발견하여 결코 완전한 존재가 아님을 확인했어도 그러했다. 티코 브라헤에 의해 새로 태어나는 별(초신성)과 원운동을 하지 않는 혜성의 존재가 확인되었을 때도 마찬가지였다. 19세기에서 20세기를 거치며 우리은하가 우주의 중심에서 변방으로 자리를 옮기고, 우주의 크기가 1000억 배는 더 커졌어도 이는 마찬가지였다. 아리스토텔레스의 우주관에서 다른 모든 것은 허물어지고 새로운 천문학으로 개비되었지만 현재의 우주가 영원히 지속된다는 생각만큼은 변함이 없었다.

이를 상징하는 사건이 바로 아인슈타인의 '우주상수'다. 아인슈타인의 일반상대성이론에 따르면, 우주는 고정돼 있는 게 아니라 팽창하거나 수축할 수 있었다. 아인슈타인은 이런 결과를 막기 위해 새로운 항을 추가하여 우주의 크기를 고정시킨다. 이 새로운 항이 우주상수다. 뉴턴 이래의 역학을 전복하고 새로운 세기를 연 아인슈타인마저도 우주의 영속성에 대해선 고민할 필요도 없는 당연한 일로 치부한 것이다.

그러나 아인슈타인의 일반상대성이론은 그의 바람과는 상관없이 학자들에게 우주가 팽창하거나 수축할 수 있음을 인지시켰고, 이를 지지하는 이들이 점점 늘어갔다. 여러 계산의 결과 우주가 현재의 상태를 유지할 확률은 너무나도 더 적은 것이었다. 만약 당신이 0에서부터 9999까지 인쇄된 카드 1만 장을 가지고 있다고 하자. 무작위로 뿌려진 카드를 무심히 집어들었을 때 하필이면 0을 선택할 가능성은 1만 분의 1이다. 더 정확하게는 이런 비유일 수도 있다. 당신이 동전을 떨어뜨렸을 때 동전이 앞면이나 뒷면이 나오지 않고 세로로 설 확률은 얼마나 될까? 한 1000번 정도 떨어뜨리면 한 번 정도 일어날 수도 있을 것이다. 그렇다면 두 번 연속 떨어뜨렸을 때 두 번 다 세로로 설 확률은 얼마일까? 100만 번에 한 번 정도일 것이다. 거의 일

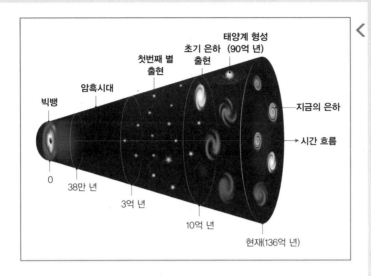

빅뱅(우주의 시작)부터 지금까지의 간략한 우주 역사.

어나지 않는 일이다. 우리 우주가 계속 유지될 확률은 그 정도에 불과했다.

그리고 얼마 지나지 않아 실제 관측으로 우주가 팽창하고 있다는 사실이 밝혀졌다. 천문학자 에드윈 허블은 당시 세계에서 가장 큰 망원경으로 우주를 관측하고 있었는데, 그가 살펴본 천체들의 스펙트럼을 분석해보면 한결같이 원래의 빛보다 약간 붉은색 쪽으로 치우친 모습을 보였다. 이런 현상을 적색편이라고 하는데 광원光原이 멀어질 때 관측되는 현상이다.(반대로 다가오는 광원에서 나오는 빛의 스펙트럼은 파란색에 치우친 모습을 보이며, 이를 '청색편이'라고 한다.) 물론 한두 개의 별이 그런 현상을 보인다면 우연일 수 있지만 모든 별에서 관측된다면 이는 우연이 아니다. 온 우주가 지구를 왕따시키는 것이 아니라면 말이다. 더구나 적색편이의 정도가 지구로부터의 거리에 비례했다. 즉 멀리 있는 별들일수록 적색편이의 정도가 더 컸다. 이는 하나의 사실을 가리킨다. 우주는 모든 방향으로 팽창하고 있다. 아인슈타인은 마침내 자신이 저지른 가장 큰 실수라며 우주상수를 폐기했다.

그리고 빅뱅이 나타났다. 빅뱅 이론의 첫 주창자가 가톨릭 사제이며 물리학자인 조르주 르메트르Georges Lemaitre라는 것은 나름 의미심장하다. 2000년이 넘게 서구를 지배해오던 아리스토텔레스적 우주관에 마지막 작별을 알리는 것인 동시에 기독교적 우주관과 가장 유사한 새로운 우주관이 가톨릭 사제의 소개로 현대 과학에 등장한 것이다. 그가 빅뱅을 생각한 동기는 단순하다. 우주가 팽창한다는 사실은 과거에는 우주가 작았다는 걸 의미한다. 만약 우주가 점점 커진다면, 과거로 갈수록 우주의 크기는 점점 작아진다는 뜻이다. 그렇다면 계속 과거로, 우주의 시작까지 가다보면 어떻게 될까? 우주가 점이었던 시절이 있을 것이란 결론에 이른다. 즉 우주의 공간적·시간적 시작이 존재하는 것이다.

하지만 과연 정말 그러할까? 여러 의견이 분분했다. 우주는 팽창과 수축을 주기적으로 반복한다는 이론, 우주는 팽창하지만 어느 정도 시점에서 팽창이 멈추고 일정한 부피를 계속 유지할 것이라는 이론, 혹은 우주는 영원히 팽창하겠지만 팽창하는 만큼 새로운 물질이 생성되면서 우주의 밀도 자체는 유지될 것이라는 이론 등이 백가쟁명을 하듯 다투었다. 우주의 '시작'이 있다는 것을 거부하는 고정관념이 짙게 배어 있는 이론들도 있었다. 언제나 구체제는 끈질기다. 코페르니쿠스의 우아한 우주도 꽤 오랜 시간이 지나서야 천문학자들에게 받아들여진 것처럼 2000년간 지속된 아리스토텔레스의 힘은 그토록 강고했다.

이전까지 아리스토텔레스의 우주관은 따로 이름이 없었다. 유일한 이론이니 따로 이름이 필요없었다. 그러나 서로 대립되는 두 이론이 있으면 당연히 고유의 이름이 필요하다. 그래서 기존 이론은 '정상우주론'이라는 이름을 가지게 되었다. 그러나 그 이름의 생명은 오래 가지 않았다. 빅뱅 이론을 지지한 조지 가모프George Gamow와 그의 동료들은, 빅뱅 이론이 맞으면 태초의 폭발 때 발생한 마이크로파가 우주 전체에 아직도 돌아다니고 있을 것이라고 예측했다. 그리고 그들의 예측대로 이 오래전 빅뱅의 흔적(이를 '우주배경복사'라고 부른다)이 관측되면서 빅뱅 이론은 증명되었다. 뒤이어 숱한 증거가 우주는 팽창하고 있고, 빅뱅이 실제로 발생했었다는 걸 보여주며 정상우주론의 관에 못을 박았다.

아리스토텔레스의 종언은 코페르니쿠스에서 시작했으나 긴 시간이 지나 20세기 빅뱅 이론의 증명에 이르러서야 비로소 완료되었다. 이제 우주는 시작과 끝이 있으며, 결코 순환하지 않는 존재가 되었다. 인간과 우주 속의 모든 물질과 마찬가지로 우주 자체도 필멸인 것이다.

● **조지 가모프**
러시아 출신의 미국 천문학자로 별 내부의 핵융합 반응 이론, 알파 붕괴, 가모프-텔러 붕괴 등의 이론들을 발달시켰고, 팽창우주론을 발전시켜 빅뱅 이론을 주장했다.

이러한 객관적 사실 앞에서 인간은 영원, 우주, 인간 자신에 대한 새로운 방식의 질문을 안게 되었고, 지금도 이 질문의 깊이를 더하고 넓이를 넓히는 과정에 있다.

양자역학과 안다는 것

사람들이 가장 이해하지 못하는 과학이론의 순위를 꼽으면 분명 1위는 양자역학이 차지할 것이다. 양자역학을 배우는 물리학자들조차도 제대로 이해하지 못한다고 하니 말이다. 물리학자 리처드 파인만Richard Feyman은 "양자역학을 완전히 이해하는 사람은 아무도 없다"라고 자신 있게 말했고, 양자역학의 이론을 세우는 데 큰 공헌을 한 닐스 보어Neils Bohr는 "양자역학을 배우면서 머리가 혼란스럽지 않은 사람은 그걸 제대로 이해하지 못한 사람"이라 하기도 했다. 과연 어떤 이론이기에 이런 평가를 받는 것일까?

초기 양자역학은 19세기 말의 몇 가지 의문에 대한 대답으로 시작되었다. 대표적인 것이 이제껏 파동이라 알고 있던 빛이 입자 같은 모습을 보인다는 점이었다. 아인슈타인 이후 많은 과학자들이 금속판에 빛을 쪼였을 때 빛이 입자처럼 행동한다는 걸 확인했다. 결국 빛은 파동과 입자의 성질을 모두 갖는다고 결론이 났다.

일단 파동이라고 생각했던 빛을 입자라고 여기니 한두 가지 문제가 해결되었다. 그리고 입자인 전자도 때에 따라선 파동이라고 보자고 했다. 그러니 또 한두 가지 문제가 해결되었다. 그런 과정에서 이런저런 식이 나오고, 식과 식의 관련성, 개념과 개념의 연관성을 고민하던 학자들이 점차 새로운 이론 체계의 모습을 잡아갔다. 그 과정에서 핵심적 역할을 했던 이들이 닐스 보어와 베르너 하이젠베르크, 에르빈 슈뢰딩거와 막스 보른 등이었다. 특히 하이젠베르크는 당시 가장 젊은 축에 속했는데 그래서였을까? 기존의 물리학적 금기를 깨는 것을 전혀 두려워하지 않았다.

그가 주장한 바에 의하면, 새로운 학문 양자역학에서 우리는 물질의 특정한 양을 아는 것에 근본적 한계를 가진다. 하이젠베르크의 불확정성의 원리에 따르면 특정 입자의 '위치의 분산값'과 '운동량의 분산값'의 곱은 항상 일정한 수 이상이어야 한다. 분산값이란 간단히 말해 퍼져 있는 정도다. 세 명의 국어성적 평균이 75점이라고 하자. 세 명이 각각 75점, 80점, 70점이어서 평균이 75점이 되었을 수도 있고, 76점, 75점, 74점이어서 75점일 수도 있다. 점수 차가 크면 분산값이 커지고 점수 차가 작으면 분산값이 작아진다. 분산값이 아예 0이 되면 세 명의 점수가 모두 75점이라는 이야기다. 즉 '위치의 분산값'이 0이라는 것은 어떤 입자의 위치를 정확히 안다는 뜻이다. 마찬가지로 운동량은 질량과 속도의 곱인데, 이 분산값이 0이라는 건 입자의 속도를 정확하게 안다는 뜻이다.(전자와 같은 입자의 질량은 정확하게 알려져 있다.)

그런데 두 분산값의 곱이 일정한 수 이상이 되어야 한다는 건, 우리가 입자의 위치와 속도를 동시에 정확히 알아낼 수 없다는 뜻이다. 실험적으로는 물론 이론적으로도 그렇다는 것이다. 물론 그 부정확도는 워낙 작기 때문에 일상적인 관측에서는 무시해도 전혀 상관이 없다.(정확히 두 분산값의 곱은 $6.626070040 \times 10^{-34}$의 절반보다 같거나 작아야 한다. 소수점 아래로 0이 34개나 붙는 숫자니 얼마나 작은 수인지 감이 올 것이다.) 그러나 전자 정도 되는 아주 작은 입자의 세계에서는 무시할 수 없는 차이였다. 게다가 원론적인 문제도 있었다. 이는 우리가 물질세계에서 중요하게 생각하는 에너지, 시간, 속도, 위치 등을 알아내는 데 근본적 한계를 가진다는 뜻이니 말이다.

그래서 이러한 주장은 거센 반발을 가져왔다. 우리의 기술이 모자라서 관측할 수 없는 것은 용납 가능한 일이지만, 아무리 기술이 발달해도 앎에 근본적 한계가 있다는 것은 과학자들에겐 정말 받아들이기 힘든 일이었기 때문이다. 그러나 하이젠베르크의 불확정성의 원리는 수학적으로 정확하게 도출된 것이었으며, 실험적으로도 완벽히 관찰과 일치했다. 결국 (일부는) 불만이 있지만 이를 받아들일 수밖에 없었다.

하이젠베르크의 불확정성의 원리와 더불어 양자역학을 지탱하는 또 하나의 원리는 보어의 상보성의 원리다. '상호성의 원리'를 간단히 말하면, 고전물리학의 세계(일상 세계)에서는 배타적이고 대립되는 것이 양자역학의 세계에서는 상호보완하며 동시에 존재한다는 것이다. 대표적으로 빛이 입자와 파동의 이중적 성격을 모두 가지는 것을 들 수 있다.

보어는 물리적 실재의 모든 성질은 상보적으로 쌍을 이룬 켤레로서만 존재한다고 주장했다. 즉 입자의 위치와 운동량, 시간과 에너지는 각각 상보적 관계를 가지며 둘 중 하나를 보다 정확히 알고자 한다면 같이 켤레 지워진 다른 하나는 그만큼 불확실하게 알 수밖에 없다는 것이다. 위치를 정확히 알자면 운동량이 부정확해지고, 시간을 정확히 알자면 에너지가 부정확해지는 식이다. 더구나 이런 상보적 관계에 따라 빛을 입자로 여기고 이에 대해 정확히 측정하고자 하면 빛의 파동적 특성은 제대로 측정되지 않으며, 그 역도 마찬가지다. 결국 애초에 빛이나 전자가 입자와 파동성의 두 가지 측면을 가지고 있지만, 그둘 다를 동시에 정확히 측정할 수 없다는 뜻이다.

그리고 하이젠베르크가 여기에 덧붙인다. 양자 세계에서 입자가 가지는 이러한 중첩적 성격은 원래 이 세계에 존재하는 기본적인 원리다. 우리는 측정 이전에 물질이 어떠한 상태인지에 대해 알 수 없다. 측정을 통해서만 우리는 물질이 가진 본질의 편린을, 그것도 우리가 측정한 방향에 따라 발견할 수 있을 뿐이다. 그렇다면 측정 이전에 물질이 어떤 상태라고 이야기하는 것이 무슨 의미가 있을까? 보이지 않는 것에 대해 말하는 것은 무의미하다.

그리고 고전 양자역학에서 가장 중요한 위치를 차지하는 슈뢰딩거 방정식의 해석도 이에 거든다. 슈뢰딩거는 전자와 같은 입자가 파동의 성격을 가진다면 당연히 파동처럼 움직일 거라 보고, 그 움직임을 계산하는 방정식을 도출해냈다. 그리고 이 슈뢰딩거 방정식은 훌륭하게 작동했다.

그런데 입자가 파동처럼 움직인다는 게 무슨 의미인가? 간단히 말하자면 전자가 어느 한 지점으로부터의 거리와 위치에 따라 변하는 값을 가진다는 걸 의미한다. 위치가 고정돼 있지 않고 파동처럼 물결친다는 것이다.

슈뢰딩거는 이를 전하의 밀도를 나타내는 것이라고 생각했지만 실제 현상과는 괴리가 있었다. 막스 보른Max Born은 다른 해석을 한다. 이는 전자가 실제로 존재할 확률을 나타낸다고. 우주가 만약 텅 비어 있고 전자 하나만 있다고 가정하고 이 방정식을 풀면 전자의 위치를 나타내는 확률값은 우주 전체에 퍼져 나타난다. 물론 중심으로부터 거리가 멀어지면 0에 가깝지만 완전한 0이 되질 않는다. 즉 전자는 각각의 확률에 따라 우주 어디에든 존재할 수 있지만, 정확히 어디에 존재하는지는 모르는 것이다.

상식적으론 이해가 되지 않는 게 당연하다. 입자가 특정 위치에 존재하는 것이 아니라 어디든 존재할 확률만이 있다는 개념은 누구도 받아들이기 힘든 일이었다. 선문답 같지만, 양자역

학의 세계에서 입자
는 어디에든 있는 동
시에 어디에도 없다는
것이다. 우리가 알 수
있는 건 A에 있을 확
률 얼마, B에 있을 확
률 얼마, C에 있을 얼
마… 이런 전체적인
확률뿐이다.

양자역학의 성립
에 커다란 역할을 했
던 막스 플랑크, 슈뢰
딩거, 아인슈타인 등도 이런 결과에 뜨악했던 건 마찬가지였다.
아인슈타인은 "신은 주사위 놀이를 하지 않는다"며 여러 논쟁에
뛰어들어 이 개념이 틀렸다는 걸 증명하려 했지만 결국 실패한
다. 즉 우주는 확률적이며 우리는 확률값 이외의 것을 알지 못
한다.

뉴턴 이래 사람들은 인간이 최고의 지성체임을 숨기지 않았
다. 라플라스의 악마는 기실 우리 인간이었다. 만약 초기 조건
만 알 수 있다면, 우리는 우주의 모든 일을 알 수 있을 것이다.
우리 머릿속의 생각마저도 우리 스스로 미리 파악할 수 있을
것이며, 미래에 일어날 일조차도 명확히 알 수 있다. 우리에게

자유의지란 초기 조건을 알 수 없다는 사실에 지나지 않는다. 서양 과학은 전통적으로 그런 믿음 아래 발전해왔다. 뉴턴 이전에도 우리는 우주가 움직이는 법칙을 그 세세한 부분까지 다 알 수 있을 것이라 믿어 의심치 않았다. 단지 인간에게 필요한 것은 모든 걸 다 알아낼 때까지의 긴 시간뿐이었다.

그러나 양자역학은 이제 우리에게 앎의 한계가 있음을 말하고, 우리가 파악할 수 없는 물리적 실재 자체에 대한 의문을 무시하라고 요구한다. 이데아가 있든 없든 우리에게 어떠한 영향도 줄 수 없는데, 우리가 영원히 알 수 없는데 무슨 말을 할 것이냐고 되묻는다. 루드비히 비트겐슈타인Ludwig Wittgenstein은 말할 수 없는 것에 대해 침묵하라 했지만 양자역학은 볼 수 없는 것에 대해서 침묵하라고 한다. 양자역학의 매력적이고 낯선 현상과 이론은 숱한 질문을 던진다. 철학의 현상학에 질문을 던지고, 종교의 불가지론에 질문을 던지고, 물리학 외의 생물학과 화학에도 질문을 던진다. 이 질문에 대한 대답을 준비하는 과정에 온전히 20세기가 쓰였고, 21세기 또한 마찬가지일 것이다

동일과정설과 과학

다윈이 비글호를 타고 여행을 떠나면서 가지고 갔던 단 한 권의 책은 찰스 라이엘Sir Charles Lyell의 『지질학의 원리』다. 다윈은

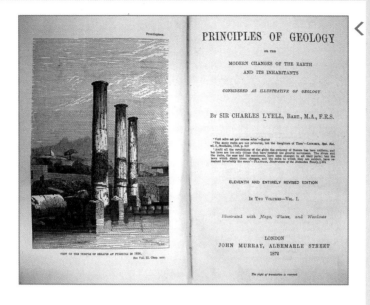

찰스 라이엘의 『지질학
원리』. 그전까지 지질학
계는 천변지이설로 지형
의 변화를 설명했다. 즉
이따금 있는 지진이나 홍
수 등으로 지구의 겉모습
이 변해간다는 것이었다.
그러나 라이엘의 이 책이
출간된 이후, 현재 일어
나는 것과 같은 자연적인
과정을 통해 변화가 진행
된다는 동일과정설이 주
류가 되었다.

이 책으로부터 깊은 감명을 받고, 자신의 진화론을 발전시키는
토대로 삼는다. 『지질학의 원리』 책표지와 책 안에는 세라피스
(헬레니즘 시대 이집트에서 숭배한 여신) 사원의 유적이 그려져 있
다.

18세기 이탈리아의 어느 해변에서 한 유적이 발견되었다. 처
음에는 폭풍우가 휩쓸고 간 해변에 우뚝 선 기둥이 먼저 발견
되었고, 뒤이어 그 기둥 아래의 여러 유적이 차례로 발견되었다.
기둥에 새겨진 세라피스 여신을 보고 사람들은 이 유적이 세라
피스 사원이라고 생각했다. 길 가다 아무데나 파도 유적이 나
온다는 이탈리아다보니 이 유적 자체는 그리 특별한 의미를 가
지지 않는다. 특별한 것은 오히려 기둥을 파고 들어간 조개의

흔적이었다. 그 녀석들은 연안에 사는 녀석들이 아니라 바다 깊은 곳에 사는 종류였다. 즉 이 세라피스 사원은 지어진 이후에 지진이나 기타 지질활동에 의해 바다 속으로 가라앉은 적이 있었다는 뜻이다. 그것도 물 좀 들어찬 베네치아 정도가 아니라 바다 밑으로 최소한 100미터는 더 아래 내려앉은 것. 그리고 다시 지질활동에 의해 조금씩 솟아올라 마침내 해안에 그 모습을 다시 드러낸 것이다.

이 그림이 『지질학의 원리』 표지를 장식한 것은 단지 적당히 고급스러운 모습 때문만은 아니다. 라이엘은 이 책에서 '동일과정설'을 주장하는데 그 대표적 사례로 이 세라피스 사원 유적을 든 것이다. 동일과정설이란 오늘날 일어나고 있는 무수히 많은 지질학적 현상이 과거에도 동일하게 일어났다는 이야기다. 강은 매일 상류로부터 진흙·모래·자갈 등을 싣고 바다로 향한다. 강과 접한 바다 바닥에는 강에서 운반되어온 퇴적물들이 켜켜이 쌓인다. 쌓인 두께가 높아지면 제일 아래쪽은 위로부터 강한 압력을 받는다. 그 압력에 다져지고 굳어진다. 몇 센티미터가 쌓이려면 수백수천 년이 걸린다. 지금 우리가 보는 절벽의 지층은 수백만 년의 시간 동안 퇴적물들이 켜켜이 쌓인 결과다.

퇴적만이 동일했던 것이 아니다. 지금도 지구의 어느 해안은 조금씩 내려가고, 또 다른 어느 해안은 조금씩 솟아오른다. 이런 지층의 융기와 하강도 과거에 동일하게 일어났었다. 1년에 몇 밀리미터, 혹은 영점 몇 밀리미터로 아주 조금씩 솟아오르

절벽에 선명히 나타나 있는 퇴적 구조. 이렇게 겹겹히 쌓인 퇴적층들은 수백만 년의 세월 동안 서서히 형성된 것이다.

고, 아주 조금씩 가라앉는 이런 현상에 의해 산이 솟아오르고, 해안단구가 형성되며, 석호lagoon가 만들어진다는 것이다. 하루 이틀 사이에는 잘 확인이 되질 않지만 현대의 정밀한 기구로 몇 십 년간 꾸준히 매년 측정을 하면 확인할 수 있다. 하지만 워낙 느리게 일어나는 현상, 1,2만년은 우습고 최소 몇십만 년에 걸친 변화이기 때문에 라이엘이 살던 시기에는 실제로 이를 확인하기는 대단히 힘든 일이었다. 그런데 세라피스 사원은 심각한 지진이나 화산활동 없이 불과 1000,2000년 만에 침강과 융기를 모두 보여준 것이다. 물론 인간의 시선으로는 그것도 아주 느린 것이지만, 지구 역사로 보면 특이하게도 빠른—당시로선 유일하게 알고 있던—사건이었다.

그런데 동일과정설은 '과거에 일어난 일들이 현재에도 일어난다'고 주장하는 것이 아니라 그 역이다. '현재에 일어나고 있는 일들이 과거에도 일어났다'고 주장하는 것이다. 얼핏 사소해 보이는 이 차이가 자연을 탐구하는 방법에서는 아주 중요한 차이가 된다. 과거에 일어난 일이 현재도 일어난다는 주장에서는 과거에 무슨 일이 일어났는지를 아는 것이 우선이다. 그러나 인류는 지구 역사에 비해 아주 짧은 시간만 존재했을 뿐이다. 지구 역사가 45억 년인데 현생인류가 존재한 건 고작 4~5만 년이고, 기록을 남긴 건 1만 년도 되지 않았다. 지구 역사에 비하면 인류 역사는 0.001%도 채 되지 않는 것이다.

잘 모르는 과거를 가지고 현재를 판단해야 할 때는 짐작과 오류가 많을 수밖에 없다. 결국 신을 끌어들여 설명하기도 한다. 어쨌든 실제로 보지 못한 일에 대해 이야기할 때는 '선언'을 할 수밖에 없다. 그리고 그 선언에 맞춰 현재를 이야기한다. 당연히 과학적이지 않다.

실제 라이엘이 살던 당시 지질학을 연구하던 이들 중 일부는 지층이 생긴 원인을 성경에 나오는 '노아의 홍수'에서 찾는다. 노아의 홍수 때 대규모로 토사가 바다에 흘러들어갔고, 그것이 바다 밑바닥에서 굳어져 지층이 되었다는 것. 라이엘의 동일과정설에 대한 또 다른 비판도 성경을 기준으로 한 것이었다. 동일과정설에 따르면 아주 조그마한 변화들이 모여 거대한 지질구조를 형성해야 하는데, 그렇게 되려면 지구의 역사가 당시에 생각했던 것보다 훨씬 더 길어야 했다. 다윈조차도 자신의 진화론이 맞으려면 지구의 역사가 1만 년 이상 되어야 한다고 썼다가 성경에 위배된다는 비판에 그 대목을 나중에 빼버릴 정도였다. 그런데 수십, 수백만 년의 역사를 인정해야 한다니. 라이엘에 대한 비판은 결국 대부분 그 근거를 성경에서 찾는다. 이들이야말로 과거(에 쓰인 성경)를 통해 현대를 본 것이다.

그러나 동일과정설, 오늘날에 일어나는 일들이 과거에도 일어났었다고 주장하는 것은 다르다. 직접 눈으로 보고, 만지고, 실험한 뒤 그 결과를 토대로 과거에도 이랬을 거라고 판단하는 것이다. 물론 불완전하다. 그러나 이 방식은 보완이 가능하고, 또 보완됨으로써 더 깊은 이해를 가능하게 한다. 이것이 바로 과학의 방식이다. 그래서 동일과정설은 단지 지질학의 원리이기만 한 것이 아니다. 다른 과학 분야에서도 마찬가지로 적용되는 원리이다. "과거를 보고 싶은가? 그렇다면 현재를 봐라." 이것이 과학을 하는 이의 기본 자세다.

20세기 초 에드윈 허블은 망원경으로 수많은 별들을 보며, 그 별들이 모두 지구로부터 멀어지고 있다는 사실을 적색편이를 통해 확인한 바 있다. 우주가 지금 현재 팽창하고 있다는 사실을 우리가 알게 한 것이다. 그리고 우주의 팽창이라는 현상이, 특별한 이유가 없다면 지금 현재만의 일이 아니라 과거부터 지속적으로 이루어졌던 일이라고 사고를 확장해준다. 현재의 팽창으로부터 과거의 우주를 보는 것이다. 그리하여 시간을 과거로 돌리면 우주는 점점 축소되어 마침내 한 점이 된다. 이로써 우리는 우주의 시작을 떠올릴 수 있다. 그래서 빅뱅 이론은 현재의 우주를 통해 과거를 본 것이다.

생물학에서도 마찬가지다. 우리는 현재의 동물이 가진 해부학적 구조와 그들의 행동을 비교해서 분석할 수 있다. 사지의 뼈가 어떻게 생기면 잘 달릴 수 있는지, 이빨의 형태와 구조가 그들의 식생활과 어떤 관계가 있는지 알 수 있는 것이다. 현존하는 포유류의 두개골과 조류의 두개골 그리고 파충류나 양서류의 두개골 사이에 어떤 차이가 있는지 분석한다. 몇십 년간의 연구를 통해 정교한 이론이 만들어지고, 실험으로 검증된다.

우리는 화석을 볼 때도 이 지식을 활용한다. 과거 동물의 화석이 보여주는 뼈의 구조와 형태를 통해 이들이 어떤 생활을 했는지를 파악하는 것이다. 티라노사우루스는 현재의 조류와 가장 유사한 두개골을 가지고 있으며 빗장뼈의 구조도 비슷하다는 사실을 확인한다. 그 해부학적 구조을 보고서 두 발로 뛰고, 꼬리는 방향타와 균형추의 역할을 했으며, 먹이는 대충 크게 찢어 삼켰을 것임을 알게 된다.

물리학도 당연히 그러하다. 현재 적용되고 있는 물리법칙과 기본 입자들의 특성이 과거에도 똑같았어야 물리학이라는 학문이 의미가 있다. 양자역학과 상대성이론이 현재에만 맞는 이론이고 1억 년 전에는 달랐다고 한다면 물리학이라는 학문 자체가 성립할 수 없다. 물리학이라는 학문 자체가 (완벽한) 동일과정을 전제하고 있는 것이다.

또 하나, 세라피스 사원은 우리가 아는 것은 항상 불완전하다는 사실을 되새기게 한다. 나중에 밝혀진 바에 따르면 그 유적은 사원이 아니라 시장이었다. 기둥에 새겨진 세라피스의 모습을 보고 착각한 것. 하지만 불완전한 지식이라고는 해도 세라피스 사원을 연구하면서 우리는 조금 더 지식을 쌓았다. 동일과정설이 그러하듯, 우리는 날마다 조금씩 지식을 쌓아나간다. 그렇게 쌓여진 지식은 한편으로 더 많은 모름을 만들지만 그렇다고 우리의 앎이 줄어드는 것은 아니다. 오히려 과거의 우리가 지금의 우리보다 더 무지하다는 사실은 역으로 동일과정설이 과학의 기본 원리임을 보여준다.

현재의 우리는 우리의 무지를 옛날 사람보다 훨씬 크게 자각한다. 이는 당연히 우리가 무엇을 모르는지를 더 많이 알기 때문이다. 그리고 더 많은 모름은 항상 이전보다 더 많이 안다는 사실을 전제로 성립한다. 그렇기 때문에 더욱 우리는 과거를 알기 위해서 현재의 우리에게 질문을 할 수밖에 없다. 물론 항상 과거가 황금의 시대고 현재는 청동의 시대라 믿는 것은 자유겠지만.

린네의 분류와 인간의 위치

성경에 나오는 사다리는 지상과 하늘을 이어주는 가교 역할을 한다. 그러나 실재하지 않는 사다리란 뜻이었을까? 기실 그 사다리는 야곱의 꿈에서만 존재한다. 그리고 꿈에서조차 야곱은 저 멀리 사다리의 끝에서 하나님이 말씀하시는 것을 듣기만

한다. 사다리의 제일 위쪽에는 하나님이 계시고, 천사는 그 사다리를 타고 부지런히 오르내리며 야곱은 지상에 있다.

생물학에도 사다리의 개념이 있었다. 이 또한 야곱의 사다리와 마찬가지로 위계位階의 사다리다. '자연의 사다리scala naturae'라 불린다. 아리스토텔레스는 그 사다리의 제일 아래쪽에 무생물을 위치 지었다. 영혼이 없는 존재다. 그 바로 위는 식물로 '식물의 영혼'을 가진다. 이 영혼은 식물에게 영양 섭취와 생장生長을 허락한다. 식물의 위쪽에는 동물이 존재한다. 동물은 '식물의 영혼'과 '동물의 영혼'을 같이 가지고 있다. '식물의 영혼'은 동물이 영양을 섭취하고 생장할 수 있도록 해주며, '동물의 영혼'은 외부 세계를 감지하게 하고 움직임을 허락한다. 그리고 제일 위쪽에는 인간이 존재한다. 인간은 '식물의 영혼'과 '동물의 영혼' 그리고 '인간의 영혼'을 가진다. '인간의 영혼'은 인간이 이성을 가지고 우주의 이치를 이해할 수 있도록 한다.

물론 아리스토텔레스가 이렇게 간단하게만 나눈 것은 아니다. 가령 동물의 경우 새끼를 낳는 태생의 동물이 제일 위쪽을 차지하고, 그 아래는 알을 낳지만 어미의 몸속에서 부화시켜 세상에 내놓는 난태생 동물(상어와 일부 뱀)들을, 다음으로 완전한 형태의 알을 낳는 조류와 파충류를, 그 아래에 자신이 보기에는 불완전한 알을 낳는 양서류와 어류를 위치시키는 식이다. 식물도 마찬가지로 꽃이 피는 식물과 꽃이 피지 않는 식물로 나누고 나무와 풀을 나눈다.

이렇게 구성된 자연의 사다리 혹은 생명의 사다리는 아리스토텔레스의 다른 사상과 마찬가지로 2000년 동안 서구의 생물학 일반의 기초가 되었다. 이후 아우구스티누스에 의해 신과 천사까지 포함하는 '거대한 존재의 사슬Great Chain of Being'로 변화되었고, 중세에 이르러 인간의 한 집단에 의한 다른 집단의 지배를 정당화하는 이데올로기로 작동하기도 한다.

16세기 이래 유럽인들은 새로운 세상을 발견한다. 그들이 존재조차 몰랐던 아메리카와 오스트레일리아 그리고 태평양의 숱한 섬들부터 건너건너 말로만 들어왔던 아프리카 열대우림과 인도·중국에 이르기까지 자기네 대륙의 몇십 배가 되는 땅들을 탐사한다. 그리고 그 땅에 사는 수많은 동식물들 또한 새롭게 알게 된다. 오리와 너구리를 닮은 오리너구리, 배에 주머니를 단 유대류들, 온 몸에 철갑을 두른 천산갑, 인간과 흡사한 침팬지·오랑우탄·고릴라, 날지 못하는 태평양 섬의 새들을 보고 박제하여 그 표본을 유럽으로 가져온다. 각 지역에만 서식하는 식물들의 표본도 같이 들어온다. 그러니 이들을 어떻게 나누고 어떻게 분류해야 할지 도통 알 수가 없었다. 더구나 생물학의 선구자 아리스토텔레스의 권위는 이미 흠집이 갈 대로 간 상태이다. 이들 다양한 생물들을 정리하고 분류할 새로운 기준이 필요했다.

여러 사람들이 저마다 생물의 분류에 대한 여러 대안을 제시한다. 그리고 18세기가 되자 칼 폰 린네Carl von Linne가 등장하여 이들 선배들의 주장을 정리하여 생물을 새로 분류한다. 린네는 생물을 크게 동물과 식물로 나누고, 사다리가 아닌 나무를 보여주었다. 그야말로 생명의 나무다. 모든 생명의 종species은 각기 독립적인 자신의 지위를 보장받았다. 소나무는 소나무대로, 쥐는 쥐대로, 사람은 사람대로 각기 하나의 종으로서 서로 대등하다. 물론 린네 스스로가 모든 생명이 동등하다고 생각한 것은 아니었지만, 자신이 파악한 바대로 종을 기본으로 생물을 분류하고 비슷한 종들끼리 묶어 속genus을 만들자 분류체계상에서 어떠한 위계도 존재하지 않는 생명의 나무가 탄생한 것이다.

본디 나눈다는 것은 과학의 시작이었다. 영어 science는 지식이라는 뜻의 라틴어 scientia에서 비롯되는데 이 말은 '분별하다' '구분하다'라는 뜻에서 연유한다. 제대로 알아야 제대로 구분할 수 있는 법이다. 제대로 자연을 알지 못할 때 우리는 박쥐를 쥐와 같은 종류로 볼 것인지 새와 같은 종류로 볼 것인지 몰랐다. 들짐승은 집에서 기르는 가축과 기르지 못하는 야생동물로 나눴다. 벌레라는 통칭은 개미·거미·지네와 같은 절지동물과 지렁이·거머리 같은 환형동물, 달팽이와 같은 연체동물을 같이 묶어버리는 오류의 상징이다.

우리가 제대로 알게 되자 상황이 바뀌었다. 오징어와 게는 다리가 10개고 거미와 문어는 다리가 8개지만 이들을 나누는 기준이 다리가 아니란 걸 알면서 우리는 오징어와 문어를 한데 묶고, 게와 거미를 한데 묶을 수 있었다. 거북손과 따개비는 조개와 비슷하게 생겼지만 오히려 새우와 더 가까운 사이였으며, 멍게는 말미잘과 비슷해 보이지만 오히려 멸치와 더 가까운 친척이었다는 사실도 알게 되었다.

그리고 다윈의 진화론과 20세기 분자생물학 그리고 유전학이 합해지자 생명의 나무의 거대한 얼개가 드러났다. 이 나무는 최초의 생명이라는 뿌리에서부터 뻗어 나온다. 생명은 원핵생물과 진핵생물이라는 아주 커다란 두 부류로 나뉘는데, 이 두 부류는 다시 원핵생물, 원생생물, 식물, 동물, 균류의 5개 왕국(계界, Kingdom)으로 분류할 수 있다. 동물이라는 가지에선 다시 38개의 가지(문門, Phylum)가 퍼져나가는데 그중 하나가 척추동물이다. 척추동물의 형제 가지들로는 연체동물·절지동물·선형동물·극피동물·환형동물·편형동물 등이 있다. 그리고 척추동물이라는 얇은 가지에서 피어난 21개의 잎(강綱, Class) 중 하나가 바로 포유류(포유강)다. 다른 가지로는 양서류·파충류·조류 그리고 생소한 해초강·탈리아강·육기어강 등도 있다.

포유류라는 잎의 잎맥(목目, Order)을 따라가다 보면 어느 잎맥에선 소와 고래가, 다른 잎맥에선 사자와 호랑이가, 그리고 또 다른 잎맥에선 우리 인간과 침팬지가 노닐고 있다. 생명이라는 거대한 나무의 굵은 가지 하나에서 뻗은 수많은 가지 중 하나, 그 얇은 가지에서 피어난 많은 잎 중 하나, 그 잎의 산지사방으로 뻗은 잎맥 한 구석에 자리를 차지한 존재가 바로 인간이다. 생명의 사다리 꼭대기에서 한참을 내려와 다른 동물과 같은 자

린네가 제시한 계—목—강—목—과—속—종의 생물 분류 체계는 여전히 현대 생물학에서 표준적으로 사용되고 있다. 다만 계 위에 역(DOMAIN)을 두고 있는데, 세균역·고세균역·진핵생물역 세 역이 존재한다. 세균과 고세균은 크게 원핵생물로 분류되는데, 진핵생물은 핵막으로 분리된 별도의 핵 속에 유전물질이 들어 있고 원핵생물은 핵 없이 유전물질이 세포에 퍼져 있다.

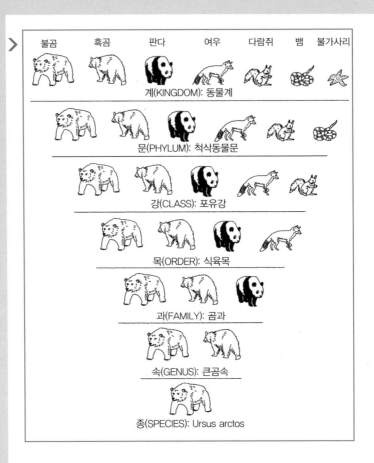

불곰   흑곰   판다   여우   다람쥐   뱀   불가사리

계(KINGDOM): 동물계

문(PHYLUM): 척삭동물문

강(CLASS): 포유강

목(ORDER): 식육목

과(FAMILY): 곰과

속(GENUS): 큰곰속

종(SPECIES): Ursus arctos

리에 선 것이다.

이는 천문학에서도 마찬가지였다. 우주 전체와 대적하는 지구라는 개념은 17세기 이래 폐지되고, 태양이 중심이 되었다. 그러다 태양조차도 우주에 빛나는 무수한 별 중 하나라는 것을 알게 되었다. 그리고 태양계는 우리은하에서도 중심이 아니며, 우리 은하의 1000억이 넘는 별들 중 하나라는 것이 밝혀진다.

우리은하조차 우리가 관측 가능한 범위에 존재하는 1000억 개가 넘는 은하 중 하나일 뿐이라는 것이 20세기 천문학이 확인한 결과이다. 이제 지구는 1000억의 1000억 배가 넘는 무수한 별 중 하나인 태양에 딸린 8개 행성 중 하나다. 더 이상 특별할 수 없는 존재인 것이다. 르네상스가 신에게서 우주를 돌려받아 인간이 그 중심에 선 인간중심주의의 선언이라면, 과학혁명은 인간 스스로 우주의 중심에서 지구의 중심에서 내려오는 과정이었다.

우리가 우주를 더 잘 알게 되고 지구를 더 잘 알게 되면서 지구중심주의와 인간중심주의를 내려놓은 것처럼, 생명에 대해 더 잘 알게 되면서 '특별한 인간'이라는 생각을 버리고 다른 생물들과 함께 생명의 나무의 일부로서 스스로를 자리매김할 수 있게 되었다. '벼는 익을수록 고개를 숙인다'는 속담처럼 인류는 더 많이 알수록 겸손해지고 있다.

진화는 진보가 아니다

진화라는 말처럼 애초의 뜻과 상반되게 소비되는 단어가 있을까. 진화와 연관된 검색어를 보면 '약육강식, 사회진화론, 강한 것이 살아남는 것이 아니라 살아남는 것이 강한 것이다' 등등이 있고, 언론 기사의 제목으로도 '반도체의 진화' '인공지능의 진화' 등 진보_{progress}와 비슷한 뜻으로 쓰이기도 한다. 하지만 이런 말들과 본래의 진화 개념과는 별 연관이 없다.

호랑이와 사자의 공동 조상쯤에 해당하는 동물이 있었다고 하자. 한두 마리가 아니라 수만 마리가 살았다. 그중 일부는 초원지대에 살았고, 일부는 숲이 우거진 곳에 살았다. 숲에 살던 조상들 중 어떤 녀석은 다른 형제들과 어울려 사냥하기를 즐겼고 다른 녀석은 혼자 사냥하기를 즐겼다고 해보자.

우거진 숲속에서 사냥감을 찾으러 돌아다니다보면 나뭇잎에 스치고 가지를 치며 온갖 소리를 내기 십상이다. 더구나 한 마리가 아니라 여러 마리가 다니다보면 소리가 나는 빈도가 높아지고 냄새도 더 진하여 멀리 퍼진다. 먹잇감이 되는 동물들로선 여간 민감한 게 아니다. 조금만 소리가 나도 소스라치고 냄새가 진동하면 사방을 경계한다. 이러니 사냥에 실패하는 비율이 혼자 다니는 경우보다 높아진다. 실패하니 먹을 것이 적고, 그러다보니 번식에도 불리해져 점점 개체수가 줄어든다. 결국 숲에선 홀로 다니는 부류가 생존과 번식에 유리했다. 그런 부류가 더 많이 살아남았고, 번식을 더 많이 했다. 결국 이들이 숲을 지배하게 되었다. 이를테면 오늘날 호랑이가 된 것이다.

하지만 초원의 조상들은 사정이 달랐다. 훤히 트인 공간에서 먹이가 되는 동물들은 숲과 같은 방해물이 없으니 떼를 지어 다녔다. 소리나 냄새는 확 터진 공간으로 퍼져 나가 밀도가 오히려 숲에서보다 낮았다. 먹이가 되는 동물들이 떼를 짓다보니 이들을 사냥하는 데는 무리를 짓는 쪽이 훨씬 유리했다. 결국 무리 짓는 성향을 가진 조상의 후손들이 더 많이 번성했고, 시간이 지나자 이들이 압도적 다수를 점하게 되었다. 숲에서는 홀로 사냥하는 개체가 유리했고, 초원에서는 떼를 지어 사냥하는 개체가 유리했다. 지금의 사자처럼 말이다.

이야기는 여기서 끝나지 않는다. 숲이 초원이 되거나 초원이 다시 숲이 되면 서로의 유불리가 바뀐다. 그러면 다시 진화가 일어난다. 진화는 이런 것이다. 어떤 형질이 우수하다 혹은 불리하다고 말할 수 없다. 다만 어떤 상황이냐에 따라 더 유리하고 불리하고가 있을 뿐이며, 이 또한 상황이 바뀌면 달라진다. 따라서 어떤 목적을 위해 진화한다든가 아니면 정해진 경로를 따라 진화한다는 것은 있을 수 없는 일이다.

그러니 진화는 진보와 동의어로 쓰일 수도 없다. 진화는 애초에 누군가에 의해 계획된 것도 아니며, 스스로 정할 수 있는 바도 아니다. 오로지 당시 생태계의 조건에서 좀 더 생존과 번식에 유리한 형질을 가진 개체가 살아남은 결과일 뿐이다. 그리고 어떤 형질이 유리한지는 아무도 알 수가 없다. 그저 우연일 뿐이다. 아주 약간이라도 돌연변이를 통해 유리한 형질을 가지게 된 개체는 당연히 그런 돌연변이가 없는 개체에 비해 더 많은 자손을 남긴다. 이런 일이 몇 세대만 이어져도 유리한 변이를 가진 개체와 그렇지 못한 개체 사이에는 이미 돌이킬 수 없는 차이가 생긴다. 그리고 돌연변이는 말 그대로 완전히 무작위적인 것이기에 개체의 의지는 진화에 어떤 영향도 끼치지 못한다. 누구도 진화를 '계획'하거나 '의도'할 순 없는 것이다.

진화를 말할 때 흔히 연관되곤 하는 '약육강식'이라는 말도 단언컨대 진화와도 상관없는 건 물론 생태계와도 관련이 없다. 19세기의 시인 알프레드 테니슨은 자신의 시에서 "피에 물든 이빨과 발톱"라고 진화와 자연을 표현했지만, 사실은 풀을 먹는 동물과 다른 동물을 먹는 동물이 있을 뿐이다. 사자와 코끼리 중 누가 강할까? 다 자란 사자 한 마리와 다 자란 코끼리 한 마리가 붙으면 코끼리가 이긴다. 다 자란 사자와 기린이 붙어도 기린이 이긴다. 코뿔소도 하마도 사자보다 강하다. 하지만 이들은 사자를 사냥하지 않는다. 사자는 이들의 먹이가 아니기 때문이다. 사자가 사냥하는 대상은 기력이 쇠한, 이제 죽음을 눈앞에 둔 늙은 초식동물이거나 아직 어린 새끼인 경우가 대부분이다. 강해서 먹는 것이 아니라 먹을 수 있는 것만 먹는다.

사자가 더 강해지지 않는 데도 이유가 있다. 다 큰 코끼리를 사냥할 만큼 강하려면 그만큼 더 크고 그만큼 더 많은 에너지가 소비되어야 한다. 낭비다. 그런 낭비를 한 개체는 번식에 성공적이지 못했고, 살아남지 못했다. 사자의 오랜 조상 중 더 강한 개체가 없지는 않았을 것이다. 더 큰 덩치, 더 많은 근육을 가졌을 것이다. 그러나 더 큰 덩치와 더 많은 근육은 그것을 유지하는 데 많은 비용을 지불할 수밖에 없다. 즉 더 많이 사냥을 해야 하는 상황에 놓인다. 그리고 환경은 항상 우호적이진 않다. 일정한 주기로 가뭄이 들고 먹잇감이 줄어든다. 이런 조건에선 더 크고 강한 놈이 불리하다. 그래서 더 큰 덩치를 가지고 더 강했던 조상들은 성공적으로 자손을 만들지 못하고 사라졌다. 초원이라는 생태계에 어울리는 적당한 강함만이 필요할 뿐이다. 과유불급이라 할 만하다.

진화는 말한다. 크고 강하다고 유리한 것도, 작고 약하다고 불리한 것도 아니라고. 작고 약한 것이 불리했다면 토끼나 쥐, 벌레 등은 수억 년 전에 이미 멸종했을 것이다. 생태계에는 각자의 위치가 있고 역할이 있다. 이 위치와 역할에 적합한 개체는 성공적으로 번식하고 불리한 개체는 사라진다. 덩치도 근육도 날카로운 이빨과 발톱도 생존의 결정적 요인이 아니며, 진화에서의 장점은 더더구나 아니다. '약육강식'은 오히려 인간 세상에나 통하는 말이다.

진화 혹은 유전과 관련하여 잘못 이해되고 있는 용어 중 '우성형질'이란 말도 있다. 반대의 뜻을 가진 단어는 '열성형질'이다. 한자의 뜻 때문인지 우수한 형질과 열등한 형질로 오해하는 경우가 많은데, 전혀 그런 뜻이 아니다. 저 단어의 '우성'과 '열성'은 단지 두 유전형질이 만났을 때 어떤 형질이 발현되는가를 의미할 뿐이다. 가령 쌍꺼풀을 가진 여자와 외꺼풀을 가진 남자가 만나 딸을 낳았다고 해보자. 엄마는 딸에게 쌍꺼풀 유전자를 주었고 아빠는 외꺼풀 유전자를 주었다. 이럴 경우 딸은 쌍꺼풀을 가지게 된다.

이렇게 두 유전자가 만났을 때 겉으로 드러나는 유전형질(쌍꺼풀)을 우성이라고 하고, 드러나지 않는 형질(외꺼풀)을 열성이라고 한다. 열성 유전형질의 경우는 부모로부터 같은 유전자를 물려받아야 발현이 된다. 단지 그뿐이다. 예를 들어 손가락이 여섯 개가 되는 다지증은 손가락이 다섯 개가 되는 일반적 형질에 대해 우성이다. 즉 부모로부터 두 유전자를 각각 물려받는 경우 손가락이 여섯 개가 된다는 이야기다. 그러나 누구도 다지증이 우월하다고 생각하지는 않는다. 곱슬머리와 직모의 경우도 마찬가지다. 곱슬머리가 우성형질이지만, 그게 더 뛰어난 것은 아니지 않은가.

진화는 우월이나 열등과는 전혀 관련 없는 개념이다. 흔히 '진화가 덜 되었다'는 표현을 열등하다는 뜻으로 사용하지만, 실제 자연에서는 그렇지 않다. 진화에는 목적지가 없으므로 덜 되고 더 될 것도 없으며, 생존에 적합한 상태에 머물 뿐이다. 그렇기에 '퇴화'도 진화일 수가 있다.

멍게가 대표적인 경우다. 멍게는 보기와는 다르게 척삭脊索동물이다.(척삭동물문에는 일생 동안 척삭을 가지는 동물과 발생 초기에는 척삭을 가지고 있다가 척수로 바뀌는 척추동물이 있다. 크게 보아 척추동물에 속한다고 봐도 크게 무리가 없다.) 척추를 가진 동물과 가장 가까운 사이다. 어릴 때(유생이라고 한다)는 다른 물고기 어린 모양과 거의 흡사하다. 그러나 성장하고 나면 자리를 잡고 눌러앉는다. 이제 움직임이 없고 겉은 딱딱한 껍데기로 쌓인다. 그저 바닷물을 걸러 플랑크톤을 먹고 번식하는 일만 남았다. 그러니 눈도 뇌도 필요가 없다. 그래서 그걸 분해해서 살림살이에 보탠다.

누군가는 이를 퇴화라 부르며 진화의 반대 개념으로 삼는다. 그러나 개체가 자기에게 필요 없는 기관을 없애거나 줄이는 퇴화는 그 자체로 진화다. 멍게의 조상 중에서 부착 생활 중에도 눈이나 뇌를 유지하는 개체가 있었을 것이다. 그러나 부착 생활을 하는데 눈이 뭔 필요가 있겠는가? 눈과 뇌를 유지하는 에너지만큼 번식에 쓸 에너지가 부족해진다. 따라서 이런 조상 멍게들은 눈과 뇌를 버린 조상에 비해 번식률이 낮아졌다. 그렇게 몇 세대가 지나자 눈과 뇌를 가진 개체들은 눈과 뇌를 버린 개체에 비해 상당히 줄어들고 만다. 이렇게 줄어들다보면 짝짓기를 하는 것도 쉽지 않다. 짝짓기의 비율이 다시 줄어든다. 그래서 눈과 뇌를 가진 멍게들은 사라져버린 것이다.

태평양 섬의 새들에게도 같은 일이 일어났다. 어떤 연유로 외따로 떨어진 태평양의 섬에 살게 된 새들. 섬에는 새를 잡아먹을 포식자가 없다. 그러니 도망칠 필요도 없다. 도망치지 않다보니 날개가 별로 필요가 없다. 몸에 비해 날개가 작아지고 그 부근의 근육이 줄어들어 이윽고 날지 않게 되었다. 어떤 이들은 이들 도도나 키위 같은 새들을 날지 '못하는' 새들이라 묘사하는데, 정확히 말하자면 날지 '않는' 새들이다.

난다는 것은 상당한 에너지를 필요로 하는 일이다. 새들이 날

도도의 모형과 뼈. 태평양 한가운데 포식자가 없는 섬에 도착한 도도의 조상들은 세대를 거듭해 가며 나는 능력을 잃게 된다. 그것이 오히려 더 생존에 유리했기 때문이다. 그들이 몰랐던 건 몇 십만 년 후 인간들이 찾아와, 적응할 틈도 없이 도도들을 잡아먹어 멸종시킬 거라는 사실이었다.

때 소비하는 에너지는 같은 질량의 포유동물이 뛸 때 소비하는 에너지의 몇 배나 든다. 또 새의 근육 중 가장 많은 부분이 날개와 그걸 떠받치는 몸통 부분에 존재한다. 이를 유지하던 새의 조상은 이를 포기하고 다리 근육을 강화시킨 조상과의 경쟁에서 패배한다. 점점 날지 않도록 진화된 새들의 번식률이 높아진다. 결국 섬에는 날지 '않는' 새들만이 존재하게 되었다. 퇴화는 이렇게 또 다른 진화다.

진화론이 던진 화두에 대한 대답은 생물학 이외의 영역에서 숱한 오독誤讀을 낳았고 현재도 진행중이다. 그 오독은 자신의 욕망과 신념을 진화론에 투사하면서 발생한 것이다. 제국주의자들의 이데올로기가 그러했고, 인종주의자의 주장이 그러했다. 지금도 사회의 불평등을 진화론에 기대어 정당화하는 이들을 만나는 게 현실이다.

그러나 진화론을 제대로 이해하는 순간, 우리는 위계와 지배가 아니라 다양성의 공존이 자연의 참모습임을 알게 된다. 진화론에는 진보도, 퇴화도, 약육강식도 없다. 오로지 우연이 만든 확률적 필연만이 존재할 뿐이다.

과학혁명과 패러다임 전환

우리나라 대부분의 공중화장실은 남녀로 나뉘어 있다. 그리고 그 크기는 둘이 동일한 경우가 대부분이다. 형식적 평등이다. 실제로 남자 쪽보다 여자 쪽이 더 붐비고 이용이 불편하다.

과학자들이 이유를 조사해본다. 도면을 보니 남자화장실은 좌변기만큼의 소변기가 있다. 그러나 여자화장실에는 소변기가 없고 모두 좌변기뿐이다. 소변기가 좌변기 절반 정도의 면적을 차지한다고 가정해보자. 남자화장실에 좌변기 네 개와 소변기 네 개가 있다면 동일한 면적의 여자화장실에는 좌변기 여섯 개가 들어간다. 따라서 변기의 개수는 8:6이 된다. 이를 개선하자면 여자화장실의 면적과 남자화장실 면적이 6:8이 되어야 한다. 그러면 남자화장실에는 좌변기 네 개, 소변기 네 개가 들어가고, 여자화장실에는 좌변기 여덟 개가 들어갈 수 있다.

그렇게 화장실을 만들어놓고 다시 관찰해본다. 그런데 이전보다는 덜하지만 여전히 여자화장실이 더 붐빈다. 사람들이 많을 때 늘어선 줄도 여전히 여자화장실이 더 길다. 과학자들이 다시 조사를 해본다. 이번에는 실제 사람들이 볼 일을 보는 시간을 측정해본다. 소변기에서 오줌을 누는 경우 좌변기보다 더 짧은 시간이 걸린다는 사실이 확인된다. 그리고 공중화장실 이용의 80% 이상이 오줌을 누기 위해서라는 사실도 확인된다.(가정일 뿐 실제 그런지는 정말로 조사를 해봐야 알 것이다.) 그렇다면 문제가 이해가 된다. 남성이 소변기에서 오줌을 누는 시간은 좌변기에서보다 짧다. 또 남자들은 좌변기에서도 서서 오줌을 눌수 있기 때문에(공중화장실에서 좌변기에 앉아 오줌 누는 남자는 없다고 봐도 된다), 여자들보다 훨씬 빠르게 화장실 이용을 마친다. 따라서 동일한 변기 수라도 남자화장실의 회전률이 더 높다.

따라서 실제 사용하는 사람들의 체감 수치를 동일하게 하려면, 여자화장실의 좌변기 수를 더 늘려야 한다. 이렇게 따져보면 여자화장실의 면적이 남자화장실 면적의 두 배가 되어야 함을 알 수 있다.

그렇다고 문제가 다 해결된 것은 아니다. 공중화장실을 꺼리는 이들 중에는 남자보다 여자가 더 많다는 주장이 있다. 실제로 그런지에 대해선 확인을 해봐야 할 일이지만, 그렇다면 그이유도 밝혀야 할 것이다. 만약 그 이유가 여자화장실이 남자화장실에 비해 더 불편하기 때문이면 앞서의 개선으로 인해, 공중화장실을 이용하는 여자들이 더 늘어나게 될 것이다. 반면 그렇지 않고, 혹시 모를 '몰카'나 공중화장실의 청결에 대한 우려 때문이라면 다른 대책이 필요할 것이다.

그리고 화장실의 용도가 단지 대소변을 보는 것 이외에도 있다면 어떤 지점이 있는지(가령 아이 기저귀를 간다든지), 그리고 그 용도에서의 성차별은 없는지 등도 따져봐야 할 것이다. 또한 외국의 경우처럼 성중립gender free 화장실이 도입될 필요성이 있는 것인지, 있다면 현재의 우리 문화 수준에서 보완해야 할 지점은 또 무엇인지도 차근차근 살펴봐야 할 것이다.

과학도 이처럼 단 한 번에 모든 문제를 해결하는 것이 아니다. 하나의 문제를 해결하고, 그를 적용하면 그로부터 다시 새로운 문제를 발견하게 된다. 그리고 새로운 문제를 해결하기 위해 연구하고 또 다른 해결책을 제시한다. 그 과정에서 과학은 점진적으로 발달하게 된다.

뉴턴의 유명한 말 중 "내가 더 멀리 보았다면 거인들의 어깨 위에 서 있었기 때문이다"라는 말이 있다. 이때 거인은 누구 한 사람을 가리키는 것이 아니다. 여러 사람이 1층을 만들고, 그 위에 또 다른 사람들이 서고, 그 위에 또 다른 사람이 서서, 마침내 멀리서 보면 거인이 되었을 뿐이다. 아리스토텔레스가 있었고, 이슬람의 과학자들이 있었고, 갈릴레오가 있었고, 케플러와 데카르트, 그리고—관계가 나쁜 사이기에 뉴턴은 인정하긴 싫겠지만—로버트 훅Robert Hooke이 있어 뉴턴이 존재했다. 그들 모두는 개인으로서는 커다란, 그러나 과학의 역사 전체를 놓고 본다면 작은 돌 하나를 쌓았고, 그 돌 위에 또 새로운 돌이 쌓여 커다란 탑이 세워졌다. 칼 포퍼는 과학의 역사를 이렇게 이해했다.

그러나 토머스 쿤은 포퍼와 다르게 과학을 이해했다. 그는 과학의 발달이 점진적이라기보다는 단속적_{斷續的}이라고 생각했다. 일정한 기간 동안 과학은 정체된다. 물론 과학자가 게을러서가 아니다. 과학 분야 전체를 아우르는 거대 이론이 나오면, 이 이론을 각 분야에 적용하고, 확인하는 과정이 필요하다. 그 과정에서 수행하는 연구는 대부분 이론의 확장에 해당된다. 시간이 지나면서 기존 이론에 의한 적용과 확장이 거의 완료될 때쯤 삐걱거리는 부분들이 생긴다. 처음 이론이 제시될 때는 모든 문제가 그 이론으로 해결될 것이라 여겨지지만, 세상일은 그리 만만한 것이 아니어서 구체적으로 각 분야에 적용하다보면 실제 현상과 잘 맞지 않는 부분이 나타나는 것이다. 물론 처음에는 기존 이론으로 현상을 설명하려 노력을 하지만, 점점 한계에 부딪치게 된다. 그러면서 기존 이론에 대한 의심이 연구자들 사이에서 생겨나고, 새로운 현상과 기존 이론의 괴리를 새로운 이론으로 극복하려는 시도가 이어진다.

그리하여 기존 이론의 단순 확대가 아닌 전복이 일어난다. 쿤의 표현대로라면 '패러다임 전환_{paradigm shift}'이 일어나는 것이다. 새로운 이론이 과학자 사회의 전반적 지지를 획득하게 되면 다시 과학의 발전은 정체된다. 이제 새로운 이론이 여러 분야의 구석구석으로 흘러들어가 확장되는 과정이 다시 진행되는 것이다. 그러다 점차 다시 현상과의 마찰이 일어나고, 그러면 또 다시 새로운 이론이 요청된다. 이런 식으로 패러다임이 변하는 과정이 반복된다는 것이 토머스 쿤의 주장이다. 그의 이런 주장은 과학 좀 한다는 사람은 다들 읽어보려고 하는『과학혁명의 구조』라는 책으로 많이 알려져 있다.

우리는 19세기 말에서 20세기 초 사이의 물리학에서 패러다임 전환의 적절한 사례를 볼 수 있다. 그때 뉴턴의 역학과 맥스웰의 전자기학을 통해 고전물리학이 완성되었다. 뉴턴의 역학은 태양계 내 천체들의 움직임을 정확히 예측해냈고, 지구 표면의 물체들이 움직이는 현상에 대해서도 그 원인과 실제 진행과정에 대한 예측을 완벽하게 해냈다. 전자기학은 전기력과 자기력을 통합하여 전자기 현상을 완벽하게 설명했다.

그런데 차츰 기존 이론으로 설명할 수 없는 현상들이 늘어나기 시작했다. 그중 하나는 수성의 공전이었다. 만유인력의 법칙과 뉴턴 역학으로 예상한 범위와 조금씩 어긋나고 있었다. 그러나 당시만 해도 관측기술이 지금보다 뒤떨어진 때라 대부분의 사람들은 관측 오류라고 생각하는 측면이 강했다.

흑체복사 문제도 해결이 필요했다. 어떤 물체가 외부의 에너지를 모두 흡수하면 물체는 스스로 전자기파의 형태로 에너지를 내놓게 된다. 그런데 기존 이론을 토대로 만든 방정식대로 계산을 하면 내놓는 에너지의 양이 무한대가 되는 것이다. 어떤 물체도 에너지를 무한대로 내놓을 수는 없으니 방정식이 틀렸다는 얘기인데, 검토를 아무리 해도 이론적 하자가 없다는 것이 문제였다.

원자 모형도 수정이 필요했다. 그때는 전자가 원자핵 주위를 돈다고 여겨졌는데, 전자처럼 전기를 띠는 물질이 원운동을 하면 전자기파의 형태로 에너지를 내놓게 된다. 그러면 전자는 점점 에너지를 잃으면서 공전 궤도가 줄어들어 원자핵에 충돌해야 한다. 그러나 실제로는 그런 일이 전혀 관측되지 않았다.

앞에서 봤듯이 빛의 속도도 난제였다. 맥스웰 방정식은 기존의 전기 및 자기와 관련된 여러 연구 성과를 아주 깔끔하게 잘 정리해냈는데, 이 방정식에 따라 계산을 해보면 빛의 속도가 항상 일정해야 한다는 결론이 나온다. 빛을 향해 다가가는 사람이 측정해도, 빛으로부터 멀어지는 사람이 측정해도 항상 빛의 속도가 같다는 것은 뉴턴 역학의 기본을 흔드는 일이었다.

이런 문제들이 19세기 말에 나타났고 해결이 되지 않고 있었다. 물리학자들은 처음에는 당연히 정말 사소한 문제인데 우리가 제대로 파악하지 못해서 생긴 문제라고 생각했다. 그러나 그 문제를 해결하려고 꽤나 많은 과학자들이 달라붙었지만 별무소득이었다. 과학자들 사이에서 기존 이론에 의구심을 가지는 사람들이 생겼다. 물론 소수였지만, 그 소수가 결국 세상을 뒤집었다. 이 사소한 문제들을 해결하려다 기존 이론을 전복시킬 새로운 이론이 세상에 나온 것이다. 바로 상대성이론과 양자역

학으로, 세계의 본질을 이해하는 새로운 틀(패러다임)이 되었다. 사실 이건 뉴턴 역학도 마찬가지였다. 이전까지 공고하던 아리스토텔레스의 역학을 갈릴레이, 데카르트를 거쳐 뉴턴이 완성시킨 고전역학이 전복했던 것이다. 이 시기 또한 이미 '과학혁명'이라 이름 붙은 것처럼 패러다임 전환이 일어난 시기라 볼 수 있다.

앞서 들었던 공중화장실의 예로 패러다임 전환을 설명해보자. 공중화장실을 고쳐가면서 차차 개선해가는 게 칼 포퍼의 점진적인 과학이라면, 기존 공중화장실이 고쳐 쓰기엔 너무 낡고 부족하니 이참에 아예 새로 건설하는 게 패러다임 전환이라고 볼 수 있다. 새로 공중화장실을 짓고 나면, 그때부터는 다시 아주 특별한 문제가 생기기 전까지는 기존 화장실을 유지하는 시기가 시작된다.

칼 포퍼와 토머스 쿤의 논쟁은 과학 이외의 다양한 영역에서도 차용되었다. 특히 패러다임 전환이라는 용어는 숱한 영역에서도 널리 사용된다. 물론 다른 과학 용어가 그렇듯이 그 원래의 함의와는 동떨어진 형태기도 하다. 어떤 과정을 거쳐서 패러다임 전환이 일어나는지에 대한 고려는 없이, 뭔가 크게 판이 바뀌는 현상이라면 무턱대고 패러다임 전환이라는 용어를 남용하기도 한다.

5장

과학과 그 경계

과학과 종교

도마는 예수의 12제자 중 한 명이다. 골고다 언덕에서 십자가에 못 박혀 예수가 죽으면서 그를 따르던 제자들은 비탄에 빠졌다. 그런데 얼마 후 예수가 부활했다는 이야기가 제자들 사이에 떠돌았다. 실제로 그 광경을 봤다는 증인들도 나타났다. 그러나 도마는 믿지 못했다. 도마가 말했다. 거짓말, 어떻게 죽은 사람이 부활한단 말인가? 내 눈 앞에 예수가 나타나고, 그의 허리에 창을 맞은 자국과 손바닥의 못에 뚫린 상처를 직접 확인하기 전에는 나는 믿지 못한다.

그리고 며칠 뒤 부활한 예수가 도마 앞에 실제로 나타난다. 자신의 허리와 손의 상처를 보여준다. 그러곤 한마디 한다. "보지 않고도 믿는 사람은 복이 있다."(「요한복음」 20장 29절)

그렇다. 종교는 믿음이다. 그 이유가 무엇이건 증거를 제시하기 전에 이미 마음이 믿는 것이다. 우리에게 원죄가 있고, 신이 인간으로 태어나 대신 죽음으로써 그 원죄를 씻었다는 것은 증거로 믿는 게 아니다. 신이 존재하고, 그 신에게 나를 전적으로 의탁하는 것은 믿음이지 논리가 아니다. 왜 당신은 하나님을 믿는가라고 기독교인에게 질문을 한다고 하자. 그는 성경을 근거로 혹은 종교지도자의 이야기나 개인적 경험을 근거로 하나님을 믿는 이유를 설명한다. 하지만 그 설명의 근저까지 들어가 보면 결국 하나님이 존재한다는 것을 '이성'으로 납득하는 게 아니라 대단히 주관적인 경험을 토대로 성경과 신을 믿게 되었다는 결론에 도달하게 된다.

그러나 과학은 개인적 체험 이상의 증거를 요구한다. 도마의 자세다. 보지 않고 믿는 일은 종교의 영역이고, 과학은 증거를 요구하고, 스스로 재현해서 확인한다. 과학의 수많은 이론은 다른 이들의 검증을 거쳐 가설에서 이론이 되었다. 아인슈타인의 상대성이론은 수많은 과학자들에 의해 실험과 관측으로 증명된 사실이다. 그래서 우리는 아인슈타인의 상대성이론이 현재까지는 옳다고 생각한다.

초끈이론super string theory 은 현재 규명되지 않는 물리학의 궁극적인 질문에 대한 답이다. 현대 물리학의 두 산맥은 양자역학과 상대성이론인데 이 둘은 잘 합쳐지질 않는다. 더구나 이 두 이론으로도 아직 규명하지 못하는 현상들이 있다. 초끈이론은 아

● **초끈이론**
자연계의 모든 입자와 기본 상호작용을 아주 작은 크기의 초대칭적 끈의 진동으로 설명하려는 가설이다. 상대성이론과 양자역학의 충돌을 해결하기 위한 시도의 하나다. 그러나 아직 실험이나 관측을 통해 검증되지 못한 가설에 머물러 있다.

주 우아한 수학적 방식으로 양자역학과 상대성이론의 조화를 이루고 규명되지 못한 현상에 대해 설명한다. 전세계적으로 수백 명의 아주 뛰어난 물리학자들이 초끈이론을 연구하고 또 지지한다. 하지만 초끈이론은 아직 가설이다. 그 이론을 증명할 방법을 강구하지 못했기 때문이다. 아무리 멋진 이론도 증명되지 않으면 그냥 가설일 뿐이다.

진화학에서는 어떤 이론이든 증명이 쉽지 않아서 가설이 아주 많다. 인간 여성은 왜 다른 포유동물의 암컷과 달리 평균 50세 정도가 되면 배란을 멈추는지에 대해 어머니가설·할머니가설* 등이 있는데, 뭐가 맞는지 각자의 판단은 있지만 아직 증명되지 못해서 가설로 남아 있다. 왜 집단생활을 하는 포유동물에서 동성애가 자주 발견되는지에 대해서도 이를 설명하는 여러 이유가 있지만 아직 증명되지 않았기에 가설로 남아 있다.

종교는 증명을 필요로 하지 않는다. 하지만 그럼에도 종교가 자신들의 믿음을 증명하려고 시도하는 경우가 있다. 이러면 문제가 생긴다. '창조과학설'과 '지적설계론'은 바로 이런 시도의 슬픈 결과물이다. 과학은 귀납적 결과들을 통해 어떤 원리를 찾고, 그 원리를 가설로 세우며, 증명을 통해 가설을 이론으로 등극시킨다. 그러나 창조과학설은 귀납적 결과들을 통해 가설을 세운 것이 아니라, 성경이라는 텍스트를 가지고 가설을 세웠다. 이미 그 토대부터가 잘못된 것이다.

성경을 자구 그대로 믿는다면 대부분의 과학적 사실을 부정

● **어머니가설과 할머니가설**
나이가 들면 자신이 직접 애를 낳아 기르는 것보다 자신의 자손이 낳은 아기를 보살피는 것이 자신의 유전자를 가진 후손을 늘리는데 더 효율적이라서 폐경이 된다는 것이 할머니가설이다.
한편 어머니가설은 나이가 들수록 출산할 때 사망 위험이 높고 따라서 이미 낳은 자식이 어머니의 보호 없이 자라게 되면 생존률이 감소하기 때문에 일정 나이가 지나면 폐경이 된다는 주장이다.

해야 한다. 지난 세기 종교학자와 사제들은 성경에 근거하여 지구의 나이를 약 6000년 정도로 잡았다. 끊임없이 나타나는 증거로 지구의 나이가 계속 늘자 어떤 기독교인들은 불편해했다. 인류의 역사는 이미 1만 년 정도로 정해져 있는데, 인류가 존재하지 않던 시간이 늘어나는 것은 지구가 인류를 위해 마련된 것이라는 성경적 해석을 위태롭게 하기 때문이다. 지구의 역사를 하루로 친다면 자정 몇 초 전에 등장한 인류가 지구의 주인이라고 우기기에는 누가 봐도 면구스럽기 때문이다.

뭇생명들이 신과 상관없이 진화를 통해서 이처럼 다양해졌다는 것도 그런 관점에서는 용납하기 어렵다. 「창세기」에는 모든 들짐승과 날짐승과 가축을 신이 직접 창조했다고 나와 있는데 이를 상징적 의미가 아닌 글자 그대로 받아들인다면, 진화는 당연히 잘못된 주장인 것이다. 그래서 이미 현재적 진실로 여겨지는 진화론에 굳이 대척점을 세우고, 과학적 외피를 입히려는 것이다. 그러나 이미 그 시작이 실체적 자료가 아니라 성경을 기반으로 한다는 점에서 이들 주장은 '과학'이 아니다.

또한 목적을 가지고 시작되었다는 점에서도 창조과학은 '과학'이라는 이름을 가졌지만 과학이 아니다. 신의 존재를 증명하고자 하는 대전제 아래 거기에 유리한 증거(라고 믿는) 현상만 나열한다. 그러나 과학은 데이터와 증거를 취사선택하지 않는다. 주어진 데이터에 대한 왜곡은 과학이 가장 싫어하는 일이다. 데이터와 가설이 부딪치면 가설을 폐기하는 게 과학이다. 그러므로 창조과학은 신의 존재를 '증명'하기 위해 과학의 이름을 빌리는 것에 지나지 않는다.

예컨대 그들은 진화가 일어나는 건 사실이지만, 진화에는 어떤 지적 존재(즉 '신')의 설계가 있을 것이라고 주장한다.(그래서 이런 주장을 '지적설계론'이라 부른다) 그러면서 '사막의 시계' 비유를 든다. 그 비유는 이렇다. "사막을 건던 사람이 시계를 주웠다고 치자. 그 시계의 복잡성으로 보았을 때 누군가 그 시계를 만들었다고 생각해야지, 사막의 바람과 모래와 햇빛에서 자연적으로 만들어졌다고 볼 수는 없다. 사람의 눈은 그 시계보다 훨씬 복잡하다. 그런 눈이 우연히 진화되었다는 게 가능한 것인가?"

그렇다. 시계를 우연히 주웠다면 당연히 그 시계는 누군가 만든 것이라고 생각한다. 하지만 시계는 생물이 아니다. 과학적 사실은 비유를 통해 증명할 수 없다. 실제로 가능한지를 따져 봐야 한다. 그리고 스웨덴의 과학자들은 시뮬레이션을 통해서 누군가의 의도나 설계가 없어도 눈이 진화한다는 것을 확인했다. 많은 동물들이 눈은 없지만 빛을 감지하는 안점eye spot을 가지고 있다. 이 안점을 시작으로 눈이 진화한 것이다. 단지 빛을 감지하는 '안점'이 '눈'으로 진화하기까지 얼마나 시간이 걸릴까? 답은 30만 년에 불과했다. 아주 긴 시간이지만 지구 46억 년의 역사와 비교하면 1만 분의 1도 채 되지 않는 시간이다. 그래서 동물은 현재까지 확인된 바로는 도합 네 차례에 걸쳐 독자적으로 눈을 진화시켰다. 곤충과 거미 등의 눈, 문어와 오징어의 눈, 척추동물의 눈은 각각의 계통에서 별도로 진화한 것이다. 이미 멸종한 삼엽충도 방해석*으로 된 눈을 진화시킨 바 있다.

생물은 시계보다 훨씬 복잡한 기관을 몇십만 년이라는 시간 속에서 진화시킬 수 있다. 한 세대, 두 세대… 세대마다 조금씩 변이가 이어지면 그 결과가 진화로 나온다. 시계가 홀로 만들어질 수 없는 것은 번식을 하지 않기 때문이다. 시계가 세대를 이어 자신을 조금씩 개량시킬 수 있다면 우연히 꽂힌 막대에서 시작된 해시계가 앙부일구가 될 수 있고, 물이 한 방울씩 떨어지는 구멍 난 그릇이 자격루가 될 수 있는 것이다.

왜 종교는 예수의 말씀을 따르지 않을까? 신에 대한 신앙은 증명을 필요로 하지 않는다. 자신의 믿음에 확신을 가지고 있다면 종교의 자리에서 과학의 자리로 내려오지 않아야 한다. 보지 않고 믿는 자가 복된 자다. 그럼에도 일부 종교인이 과학의 자리를 넘보는 데는 한편으로는 과학의 발전으로 종교의 영역이 줄어들 것이라는 우려 때문이고 다른 한편으로는 현대인에게 점점 더 그 권위가 커지는 과학에 기대고자 하는 측면도 있을 것이다. 하지만 두 가지 모두 잘못된 판단이다.

먼저 종교의 영역은 과학이 발전한다고 줄어들지 않는다. 종교의 몫이라 여겼던 영역이 줄어드는 것을 아쉬워할 수는 있겠지만, 이는 종교의 영역을 빼앗기는 게 아니라 원래 자신의 자

● 방해석
탄산칼슘으로 이루어진 탄산염 광물로, 석회암의 주 성분이다. 색이 보통 무색 투명 또는 흰색 반투명인 것이 많고, 결정 구조가 안정적인 특징이 있다. 이 때문에 삼엽충이 안구의 렌즈로 방해석을 이용했을 것이다.

리를 찾아가고 있는 것이었다. 사회를 다스리는 것은 원래 정치의 영역이었다. 이를 종교가 대신했던 역사가 있지만 이제 그 일은 종교가 할 일이 아니다. 마찬가지로 교육도 특정 종교에서 맡아서 할 일이 아니었다. 그 영역도 이제 대부분 종교의 범위에서 벗어났다. 자연 현상에 대한 설명도 본래 종교가 아닌 과학의 영역이다. 이곳에서도 종교는 물러났다. 이제 종교는 신에 대한 믿음으로 사람을 구원하는 본연의 역할에 머무르면 된다. 이 부분은 종교의 원래 고유 영역이며 과학이 발전한다고 침범할 수 있는 게 아니다.

또한 종교가 과학의 권위를 빌리려는 생각 역시 잘못된 것이다. 앞서 서술했듯이 과학의 권위는 귀납적이며 증명을 통해 형성된다. 하지만 신은 그저 믿는 존재이지 증명할 수 없는 존재이다. 신에 대한 증명을 과학을 빌려서 하려는 순간 오히려 신은 믿음의 대상에서 제외될 것이다. 예수께서 말씀하셨다. "카이사르의 것은 카이사르에게 신의 것은 신에게"라고.

과학과 기업

20세기 이후 대부분의 과학 분야는 혼자가 아니라 여럿이 연구하는 경우가 일상화되었다. 과학이 점점 고도화되고 복잡해지면서, 혼자서 하기에는 연구의 규모가 너무 커졌기 때문이다.

갈릴레이가 목성의 위성들을 발견하는 데는 손으로 조작할 수 있는 작은 망원경이면 충분했지만, 오늘날 천문학자들의 연구를 위해서는 건물만 한 크기의 망원경이 필요하다.

그러면서 연구에 사용되는 각종 재료나 장비 등의 비용도 개인이 감당할 수 있는 수준을 벗어나게 되었다. 오늘날의 과학자는 거의 대부분이 대학이나 기업 혹은 국가기관 세 곳 중 하나에 소속되어 있으며, 거기서 나오는 예산을 이용해 연구를 수행한다.(기업 연구소는 대체로 기업의 장단기 목표에 맞춰 연구를 진행하며, 대학과 국가기관은 기초 연구나 조금 더 길게 보는 연구를 맡는 것이 일반적이다.) 그리고 이제 이들 연구팀을 이끄는 리더의 가장 중요한 덕목 중 하나는 연구비를 확보하는 능력이 되었다. 연구비 중 일부는 기업의 요구에 맞춘 연구에서 확보하고 나머지는 국가예산에 의지한다. 그러나 국가예산은 한정되어 있어 모든 연구자들에게 돌아가지 않는다. 연구자들로서는 자신이 바라는 연구를 누군가 무상으로 후원해주길 바라지만 실상은 그렇게 되질 않는 경우가 꽤 많다.

그래서 조금 더 부도덕하게는 기업이 원하는 방향으로 연구 목적이 변질되는 경우가 있다. 앞서도 언급한 담배와 폐암 관련성을 부정하는 연구나, 화석연료의 사용이 지구 온난화와 상관없다는 걸 보여주는 연구 같은 것들이다. 관련 기업들은 이 연구들에 막대한 금액을 지원했다. 물론 그런 연구에서도 건질 수 있는 것은 있겠지만, 목적 자체가 윤리적이지 않다는 건 참여했던 과학자들도 다 알 수 있는 일이었다.

꼭 비윤리적이진 않지만 연구 과제를 선정하는 데도 자본은 알게 모르게 개입한다. 적정기술을 통해 거꾸로 그런 예를 들여다볼 수 있다. 적정기술은 아주 고도의 기술이 아니되 가난한 이들의 삶을 도울 수 있는 기술을 말한다. 예를 들면, 미국 스탠퍼드대학의 생명공학과 교수인 마누 프라카시Manu Prakash는 매우 저렴하지만 효율적인 현미경과 원심분리기를 발명했다. 아주 복잡한 기술이 필요한 것이 아니었다. 종이로 만든 현미경은 단돈 1000원이면 만들 수 있었고, 아이들 장난감을 응용한 원심분리기는 250원에 불과했지만 혈액 성분 분리가 가능했다. 주위에서 쉽게 구할 수 있는 재료로 만든 현미경과 원심분리기는 가격이 싸서 가난한 나라에서 대단히 절실했다. 아이들의 과학 교육용으로도 쓸모가 있지만, 더 중요하게는 의료 현장에서 사용할 수 있다는 점 때문이다. 실제로 프라카시 교수가 이를 개발한 목적도 열대지역의 치명적인 질병인 말라리아 진단을 보다 쉽게 하기 위해서였다. 기존 현미경이나 원심분리기는 이들 나라에서 쓰기에는 비싸기도 할뿐더러 전력 공급이 원활하지 못한 경우 사용하기 힘든 때문이다.

그런데 별로 대단한 기술이 필요한 것도 아닌데도 왜 이전에는 이런 현미경과 원심분리기가 없었을까? 대부분의 과학자와 기술자들은 이렇게 저렴한 현미경과 원심분리기를 만들 수 있는 방법을 연구하지 않는다. 돈이 되지 않기 때문이다. 가령 지

금 팔리는 현미경 가격은 몇만 원대다. 그런데 1000원짜리 현미경을 판매하여 비슷한 수익을 얻으려면 얼마나 팔아야 할까? 100배 정도는 더 팔아야 할 것이다. 가격이 낮춰져서 그만큼 시장이 커진다면 모르지만 한정된 시장에서 이전보다 훨씬 저렴한 현미경을 판매할 바보는 없다. 원심분리기도 최소 7만 원대이고 보통 몇십만 원을 훌쩍 넘는다. 몇백 원짜리 원심분리기를 만들 이유가 기업에게는 없다. 또 이런 연구는 기업도 돈을 대지 않지만 연구 자체에 대한 주목도도 적다. 신기술이 아니기 때문이다. 저런 기술은 기존 연구를 응용하면 (개발한 이들에게는 죄송한 이야기지만) 손쉽게 개발할 수 있다. 연구 성과도 연구자의 경력에 별 도움이 되질 않는다. 따라서 과학자들도 저런 쪽으로는 좀처럼 관심을 보이지 않는다.

기업에겐 돈이 되는 연구가 우선이다. 많은 사람들에게 도움이 되고, 심지어 생명을 살릴 수 있는 연구라 하더라도 거기서 수익을 얻는 게 더 중요한 일이다. 낭포성 섬유증이라는 희귀 유전질환 치료에 사용되는 오캄비라는 약이 있다. 영국에서 1년치 약을 사는 데 드는 비용은 1억5700만 원이다. 하지만 복제약을 만들면 750만 원 정도에 1년치 약을 살 수 있다. 그런데 왜 저렇게 비싼 것일까? 일단 희귀병이라는 것이 하나의 이유다. 즉 수요가 적다. 수요가 적으니 이윤을 목적으로 하는 기업에선 연구도 개발도 하지 않는다. 그러니 독점권을 보장하고 비싸게 팔아도 되도록 해줘야 비로소 연구하고 개발하여 생산하고 판매한다는 논리다.

이렇게 수요가 굉장히 적은 약을 '고아약품orphan drug'(희귀의약품을 이렇게 부른다)이라고 한다. 하지만 반대로 그런 높은 가격을 용인한다면, 약이 있지만 돈이 없어 죽는 경우도 생긴다. 그래서 영국의 공공의료 기관인 NHS National Health Service는 약값 인하를 요구하며 제약회사와 협상을 벌였지만 실패했으며, 제약회사는 NHS에 오캄비를 판매하지 않기로 결정해버렸다.

오늘날 희귀병 치료제를 비롯해 대부분의 약들은 제약회사가 개발하며, 그들에게 20년 동안의 특허권이 부여된다. 실제 개발은 대학이나 정부출연연구소에서 했지만 제약회사가 그 특허권을 사버린 경우도 꽤 많다. 그리고 그 권리를 이용해 최대한 수익을 얻고자 한다.

매우 드문 사례이지만 반대의 경우도 있다. 조너스 에드워드 소크Jonas Edward Salk는 1955년 소아마비 백신을 최초로 개발한 사람이다. 그가 개발한 소아마비 백신은 어린 아이를 둔 부모들에겐 아주 기쁜 소식이었고, 동시에 많은 이들은 그가 엄청난 부를 거머쥘 거라고 예상했다. 어느 기자가 물었다. "백신의 특허는 누가 갖게 되는 건가요?" 이 물음의 진정한 의미는 "어느 기업에게 백

신의 특허를 팔 건가요?"다. 그의 대답은 달랐다. "글쎄요, 아마도 사람들이겠죠. 특허 같은 건 없습니다. 태양에도 특허를 낼 건가요?" 그러나 현실에서 소크 같은 사람은 아주 드물다.

지식의 공유를 조너스 소크 같은 의인義人 개인에게 기대어 이루어낼 순 없다. 연구자가 그런 의지를 가지고 있더라도 이미 모든 연구에는 막대한 비용이 들고, 그 비용을 댄 이들이 권리를 주장할 것이기 때문이다. 의약품만의 문제가 아니다. 정보통신·유전학·육종breeding 등 과학의 다양한 분야에서 새로운 기술을 개발하고, 또 특허를 사들이는 거대 자본들이 있다. 이에 따라 과학자들과 시민운동가들 사이에서 기업의 횡포를 두고 볼 것이 아니라, 기술과 과학 발전의 결과물을 인류 전체가 공유하는 방향으로 여러 정책이 만들어져야 한다는 공감대가 형성

되고 있다. 신기술에 대한 탐욕을 가진 대기업을 법과 규제로 강제하지 못한다면 우리는 과학과 기술이 발전해도 그 혜택은 기업에게만 돌아가는 세상에서 살 수밖에 없다. 21세기 과학기술 문제의 핵심 과제 중 하나가 과학기술의 공유이며, 그 혜택을 기업으로부터 인류 전체로 돌리는 일이다. 그리고 이는 연구자를 자본으로부터 해방시키는 일이기도 하다.

과학과 기술

갈릴레오는 말년에 동료 과학자 조반니 바티스타 발리아니에게서 한 편지를 받는다. 당시 두 사람의 후원자였던 토스카나 대공의 별장 공사 중 발생한 문제를 해결해달라는 것이었다. 아래쪽의 물을 끌어올려 위쪽 정원에 있는 연못에 대려는데, 아무리 해도 $10m$ 이상 높이까지 물을 올릴 수가 없었다. 그래서 당대 최고의 과학자 갈릴레오에게 그 이유를 물었던 것이다. 갈릴레오는 이미 노쇠한 자신이 할 수 있는 일이 아니라 여겨 자신의 제자 토리첼리에게 넘겼다. 이에 토리첼리는 문제를 해결하는 과정에서 진공의 존재를 발견하고 기압의 크기를 알게 되는 등 다양한 발견을 한다. 별장 건축에서 발생한 문제를 해결하는 과정에서 기체 문제에 대한 과학의 진전이 이루어진 것이다.

르네상스 시절 과학자들은 대부분 대학에 소속되어 있었다. 그리고 일부는 개인적 취미로 과학에 입문하기도 했다. 이들은 스스로를 '자연철학자natural philosophist'라고 칭했다. 이들 중 누구도 과학을 통해 수입을 올리거나 생계를 유지하지 않았다. 과학은 대학에서 연구하는 것이거나 생계에 고민이 없는 이들의 고급스런 취미였다. 물론 르네상스가 끝나고 과학혁명이 시작될 무렵에는 대학에서 과학을 가르치며 생계를 유지하려 했던 갈릴레이 같은 경우들이 나타나기도 했지만 소수에 불과했다.

반면 기술자들은 장인들의 조직 '길드'로부터 그 연원이 시작된다. 석공들이 지금도 음모론의 단골로 이야기되는 '프리메이슨'을 조직했던 것이 대표적이다. 직조공은 직조공끼리, 석공은 석공끼리, 목공은 목공끼리 각자 길드를 만들고, 자신들의 노하우를 비밀리에 전수했다. 그들의 지식은 철저히 내부자들만의 것이었다.

이렇듯 이 시기까지 기술과 과학은 서로 다른 영역의 일이었다. 현미경과 망원경은 각각 자하리아 얀센Zacharias Jansen과 한스 리퍼세이Hans Lippershey라는 기술자들이 발명했지만, 그 기술을 응용한 건 훅(현미경)과 갈릴레이(망원경)라는 과학자였다. 건축은 기술의 영역이었고, 물리학을 전공하는 이들은 건축에 대해 어떠한 기여도 하지 않았다. 산업혁명도 마찬가지였다. 산업혁명의 기술적 요소 중 가장 중요한 부분은 단연 증기와 금속의 제련인데, 여기에 과학의 기여는 거의 없었다. 오히려 증기기관이 만들어져 상용화된 이후에야 기체의 압력·온도·부피 사이의 관계에 대한 과학적 정립이 뒤를 이었다.

기술자와 과학자 사이의 교류는 르네상스 말기에 이르러서야 조금씩 시작된다. 앞서 별장 정원 공사에서 발생한 기술적 문제를 과학자들이 규명한 것처럼 말이다. 기술자들은 자신이 이미 익히고 있는 기술의 과학적 원리를 파악하여 좀 더 나은 기술을 확보하고자 하는 마음이었다. 과학자들은 한편으로 좀 더 정밀한 실험도구를 갖기를 원했고, 다른 한편으론 당시 선보였던 다양한 기술에 대한 과학적 호기심도 있었다. 과학자 사회에도, 기술자 사회에도 새로운 흐름이 찾아온 것이다.

유럽 사회의 발달하고 도시화가 진전되면서 점차 장인들에 대한 수요가 늘어났다. 폐쇄적이었던 길드의 외연이 넓어지는 동시에 규율이 그만큼 느슨해지면서 기술이 널리 퍼져 나가기 시작했다. 기술자 중 일부는 자신의 기술을 책으로 출판하기에 이르렀다. 기술을 비밀로 여기던 족쇄가 풀려지면서 더 많은 이들이 기술의 발전에 대해 논의를 공유했고, 여기에 과학자들도 참여했다. 한편으로 과학자들은 점차 대학의 테두리를 벗어나고 있었고, 실험의 중요성이 대두되고 있었다. 이는 과학의 측면에서 기술이 필요한 이유였다.

과학의 성격 또한 변했다. 근대 이전의 과학이 정성적이었다면 근대적 의미의 과학은 정량적이다. 즉 온도를 재고, 부피와 압력 및 개수를 정확히 재는 게 중요해졌다. 산소와 수소는 몇대 몇의 비율로 만나 물을 생성하는지, 철이 녹는 것은 몇 도에서인지, 포탄은 몇 도의 각도로 쏘았을 때 가장 멀리 가는지 등이 모두 정량적 문제다. 그리고 이런 정량적 분석을 위해서는 측정이 필수적이다. 대충 관찰하는 것으로는 더 이상 과학이 아니게 되었다. 측정, 엄밀한 측정을 위해서는 더 정교한 도구가 필요했다. 정량적 과학은 필연적으로 기술과 만난다. 장인들은 스스로 묶어두었던 족쇄를 풀었고, 과학자들은 대학에서 나와 과학자 단체를 만들었다. 이 과정에서 두 집단은 서로 섞이고, 영향을 주고받는다.

로버트 훅의 경우를 보자. 훅은 현미경으로 관찰한 결과를 『마이크로그라피아Micrographia』라는 책으로 펴냈고, 세포란 용어를 최초로 사용했다. 또한 용수철과 같은 탄성체의 복원력과 변형력의 관계를 훅의 법칙*으로 정리했다. 중력의 작용이 역제곱의 법칙을 따를 것으로 추론했으며, 이를 통해 뉴턴이 만유인력의 법칙을 제시하는 데 영향을 주기도 했다. 이런 일들을 보면 그는 과학자이다. 그러나 그는 또 그레고리식 망원경(반사망원경의 일종으로 시야가 좁지만 상이 뒤집어지지 않고 똑바로 보인다)을 제작했으며, 로버트 보일**에게 더 향상된 진공펌프를 제작해주기도 했다. 이런 측면에서 보면 그는 또 영락없는 기술자이다.

과학혁명의 시기가 되면서 과학자들은 더 정밀한 관찰과 측정을 위해 새로운 도구가 필요했고, 이를 스스로 만들거나 제작을 의뢰하게 된다. 이런 도구의 제작 과정은 필수적으로 과학

● 훅의 법칙
힘을 작용하여 물체를 변형시킬 때 변형의 정도는 힘의 크기에 비례한다는 법칙. 단 이 법칙은 탄성 한계 내에서만(예컨대 용수철이 원래대로 돌아갈 수 있을 때까지만) 작동한다.

●● 로버트 보일(Robert Boyle, 1627~1691)
아일랜드의 화학자로 원소와 화합물의 개념을 세우고, '기체의 압력과 부피는 반비례한다'는 '보일의 법칙'을 발견했다.

적 이해를 전제로 한다. 기술자들도 자신이 만들 도구가 어디에 쓰이는지 파악하는 것이 필수였고, 따라서 과학적 이해의 정도가 깊어진다. 이런 과정들이 반복되면서 로버트 훅처럼 기술자라 부르기엔 애매하지만 스스로 도구를 만드는 과학자들이 늘어났다.

기술자들도 자신의 기술에 대한 과학적 이해를 높이면서 과학적 탐구의 영역에 발을 들여놓기도 한다. 로버트 훅과 비슷한 시기에 살았던 네덜란드의 무역업자 안톤 판 레이우엔훅은 상업에 종사하면서 렌즈연마술 등을 익혀 직접 높은 성능의 현미경을 만들었다. 이때는 그를 기술자라고 볼 수 있다. 그러나 그는 자신이 만든 현미경으로 관찰을 해서 원생동물·조류·효모·세균 등 미생물들의 세계를 발견하게 된다. 정식 교육을 받지도 않았지만, 이런 업적으로 그는 영국 왕립학회의 회원이 되었다.

이런 흐름은 근대 과학이 실험과학, 귀납적 과학이었기 때문에 가능한 일이었다. 현존하는 과학단체 중 가장 오래된 영국 왕립학회는 스스로를 베이컨적 귀납법을 통해 자연 현상을 확인하는 곳으로 규정짓고 이를 위한 실험에 집중했으며, 이는 근대적 과학 방법론이 근간이 됐다. 이렇듯 과학은 실험이라는 새로운 무기를 손에 쥐고 과학혁명기를 돌파했으며, 이런 실험은 장인들의 정교한 실험도구 제작과 떼어낼 수 없는 관계였다.

20세기 들어서는 이 관계에 변화가 일기 시작했다. 새로운 과학적 발견을 위해선 기술의 발전이 전제되어야 했고, 새로운 기술은 과학적 발전에 의해 견인되었다. 그리고 분야가 세분화되기 시작했다. 그냥 생물학이 아니라 분자생물학·생태학·동물학·발생학으로 세분화된 영역이 나타나고 생물학자가 아니라 분자생물학자·동물학자·발생학자가 되었다. 분자생물학을 하는 이들은 전자현미경을 다루고 해석하는 일이 연구의 가장 중요한 지점 중 하나가 되었다. 또한 유전학을 하는 이들은 컴퓨터 프로그램으로 유전자 염기서열을 찾아내는 게 기본이 되었고, 그래서 코딩에 익숙해져야 했다. 또한 이런 세분화는 고도로 전문적인 과학 지식을 다루는 한편으로, 그 결과가 바로 일상생활에 적용되는 분야를 증가시켰다. 이렇게 과학과 기술의 경계가 모호한 지점이 넓어졌다.

현대에는 기술이 공학으로, 기술자는 공학자로 많이 불린다. 우리나라의 경우 대학의 단과대에서 이학부문과 공학부문을 분리해 자연대와 공대로 나누는 것이 자연스럽게 관례화되었다. 그러나 이제 이 둘의 경계는 매우 흐릿해졌다. 물론 양쪽의 끝에는 과학과 공학의 정체성을 분명히 보여주는 집단과 연구가 있지만, 중간 영역에서는 과학과 공학의 구분 자체가 별 의미 없는 경우가 허다하다.

예를 들어 '연성물질물리'라는 물리의 분야가 있다. 고체도 아니고 그렇다고 액체도 아닌 중간 단계의 어중간한 물질을 연성물질이라 하는데 이를 연구하는 분야다. 전형적인 고체나 액체와 다른 물성을 가지고 있어 그 성질에 대해 더 많은 이해가 필요하기 때문에 새롭게 각광받는 물리 연구 분야 중 하나이다. 대표적인 연성물질로는 액정液晶과 콜로이드colloid가 있다. 콜로이드는 버터·우유·마요네즈처럼 우리에게 익숙한 물질도 있지만, 염료·도료·잉크·접착제·계면활성제 등 산업용 소재로도 대단히 중요한 물질이다. 따라서 연성물질에 대한 연구는 한편으로는 자연대 물리학과의 영역이고, 또 기업체 연구소 엔지니어의 영역이기도 하다.

전자공학은 현대 사회에서 필수적인 전자제품 및 전기를 이용한 모든 시스템의 개발에 종사하는데, 양자역학과 전자기학 등의 현대 물리학에 대한 깊은 이해가 필요하기는 마찬가지다.

뇌과학은 뇌를 포함한 신경계를 연구하는 생물학의 한 분야지만, 뇌 자체가 기억·생각·감정 등에서 핵심적인 역할을 하기 때문에 심리학 및 인지과학과 밀접하게 연관되어 있다. 또한 뇌과학의 한 분야는 뇌 신경망을 모사한 인공지능을 개발하는 영역으로 발전하고 있다. 이렇게 뇌과학이 응용된 인공지능 분야는 당연히 공학적 측면이 강하다. 그러나 뇌 신경망 연구 자체는 아직도 순수과학 분야로 취급되고 있다.(물론 의학적 측면에서 접근하는 신경망 연구는 일종의 공학이라 볼 수 있을 것이다.)

이렇듯 세분화된 과학 연구의 분야들은 각각이 다시 공학적 측면을 강하게 가지고 있으며, 마찬가지로 세분화된 공학의 분야들은 그 자체가 하나의 학문을 이룬 채 과학적 성격을 강화

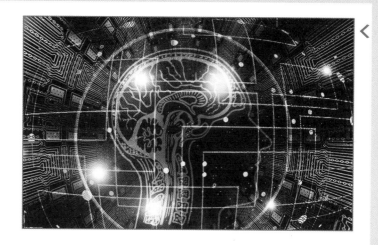

고도의 기술은 고도의 과학을 필요로 하며, 그 역도 그러하다. 예컨대 인공지능과 관련한 기술은 인간 지능에 대한 이해를 필요로 하지만, 인공지능 기술이 발달하면서 인간 지능을 더 잘 알게 되기도 한다.

하고 있다.

과학관이나 도서관에서 열리는 저자와의 만남에서 대중과학서를 쓴 공학자를 과학자로 소개하는 일은 아주 빈번하게 일어난다. 로봇공학자라는 말 만큼이나 로봇과학자라는 말이 자연스런 세상이 된 것이다.

과학과 사회과학

2015년, 심리학계에서 아주 재미있는 소식이 전해졌다. 270명의 연구자들이 심리학 분야에서 가장 우수한 세 학술지에 발표된 논문 100건을 골라 재현성 실험을 해본 것이다. 그중 단 35건만이 검증을 통과할 수 있었다. 심리학에선 아주 유명한, 따라서 언론에도 꽤나 많이 알려진 실험조차 재현성에 실패했다.

예컨대 "청결함과 관련된 생각을 한 뒤 혹은 손을 씻은 뒤에는 도덕적 기준이 덜 엄격해진다"는 주장을 내놓은 2008년의 논문이 있다. 도덕적 청결함과 육체적 청결함이 관련된 증거라고 언론에서 떠들썩했다. 그러나 다시 재현해본 결과 원래 연구보다 훨씬 그 효과가 적게 나타났다.

또 같은 해 발표된 "외로움을 느끼는 이들은 인간이 아닌 물건과 관계를 맺음으로써 이를 보상한다"는 연구도 화제가 됐다. 연구자들은 이 연구가 사람들이 언제 물건을 의인화하는지 알려준다고 평가했다. 언론은 영화 〈캐스트 어웨이〉에서 톰 행크스가 배구공에 윌슨이라는 이름을 붙인 이유를 심리학자들이 알아낸 것이라고 보도했다. 그러나 재현실험에서는 원래 연구의 효과가 전혀 나타나지 않았다.

여기서 우리가 재현실험의 성공 여부보다 더 중요하게 바라볼 점이 있다. 바로 '재현 가능성'이라는 과학적 준거가 심리학이라는 사회과학 분야의 연구를 평가하는 한 잣대가 되었다는 사실이다. 심리학만이 아니다. 많은 사회학 분야에서 과학적 방법론은 이미 중요한 연구방법이 되었다. 원래 사회학은 인간과 인간 사이의 관계에서 일어나는 사회 현상과 인간의 사회적 행동을 연구하는 학문 분야로, 자연을 대상으로 하는 자연과학과는 출발부터 달랐다. 그러나 20세기 들어 사회학의 여러 분야는 자연과학의 발전에 영향을 받아 경험적 지식체계를 구축하는 경험과학의 한 분야로서 자리매김하려는 노력을 기울여왔다. 즉 사회학에서 사회'과'학으로 변모한 것이다.

또한 재현 가능성을 중요하게 여긴다는 것은 사회학이 실험과학으로 자리 잡았음을 말해준다. 이제 사회학자들은 실험을 어떻게 설계해야 하는지, 실험에서 나온 데이터를 어떻게 처리해야 하는지, 가설을 설정하고 이를 검증하는 과정은 어떠해야 하는지 등에 대한 방법론을 기본 소양으로 체득해야 한다. 물론 사회학은 사람과 사람 사이의 관계맺음에 대한 학문이므로 실험 과정이 자연을 대상으로 하는 경우와는 다르다. 임의로 단순화시키기 힘들고, 여러 변수들의 통제가 불가능한 경우도 있다.

가령 게임이 10대의 학습에 미치는 영향을 조사하는 경우를 생각해보자. 10대 초반과 10대 후반을 분리해야 하고, 성별에 따른 구분도 필요할 수 있다. 실험대상자 가족의 사회경제적 조건도 확인해야 하고, 집안 내의 다른 갈등요소는 없는지도 파악해야 한다. 학교별로 혹은 정규 교육을 담당하는 선생님별로 차이가 있을 수도 있고, 또한 사교육을 받고 있는지 여부도 중요할 수 있으며, 사교육을 받더라도 어떤 형식인지도 영향을 줄 수 있다. 이렇듯 변수가 너무 다양해 이들 모두를 통제할 수 없는 것이다. 또한 실험대상이 인간이기 때문에 장기간 매일 오랜 시간 게임을 지속하라고 요구하는 식으로 실험 조건을 원하는 대로 설정할 수도 없다.

이런 이유로 일부의 지적처럼 사회과학이 자연과학처럼 엄밀성을 가지기는 힘든 것이 사실이다. 그러나 이는 자연과학 내에서도 마찬가지다. 물리학에서 요구하는 엄밀성의 기준을 고생물학에서 동일하게 요구할 수는 없다. 재현성도 마찬가지다. 물리학에서 요구하는 재현 가능성이 진화학에서 마찬가지 기준으로 요구될 순 없다. 결국 엄밀성과 재현성이 떨어진다는 이유로 사회학을 과학이 아니라고 주장하기는 힘들다.

더욱이 재현되지 않았다는 것이 곧 과학적으로 의미가 없다는 혹은 무가치하다는 것은 아니다. 이는 자연과학에서도 마찬가지다. 생물학자들은 초파리 날개의 끝을 동그랗게 말리게 하는 유전자를 밝혀낸 적이 있다. 실험실에서 그 유전자에 조작을 가하면 실제로 날개의 모양을 다르게 만들 수가 있었다. 그러나 실제 자연에서 발견되는 초파리들에게서는 사정이 달랐다. 유전자가 같아도 날개 모양이 달랐던 것이다. 이는 동일한 유전자를 가졌다 할지라도 환경이 다르면 서로 다른 특성을 보인다는 걸 알려준다. 이렇듯 잘 설계된 실험은 재현에 실패해도 새로운 발견의 기회로 이어질 수 있다.

심리학에서도 그런 사례를 많이 볼 수 있다. 불안장애를 설명하는 '공포 학습' 실험이 대표적이다. 과학자들은 작은 상자에 쥐를 가두고, 큰 소리를 들려준 후 전기 충격을 주었다. 쥐는 그 자리에서 얼어붙었고 심박수가 높아지고 혈압이 상승했다. 이 실험을 반복하자 이제 쥐는 큰 소리만 들어도 같은 반응을 보였다. 즉 공포도 학습되며, 학습된 공포에 의한 이상반응이 불안장애나 외상 후 스트레스장애$_{PTSD}$*가 일어나는 이유를 보여 준다는 의미에서 중요한 실험이었다.

그런데 이 실험의 조건을 아주 조금 변화시키면 결과가 다르게 나타났다. 예를 들어 큰 소리가 들릴 때 쥐를 움직이지 못하도록 묶어두면 심장박동수가 감소했다. 또 상자에 별도의 공간을 두어 도망칠 수 있게 했을 때는 쥐가 얼어붙지 않았다. 이렇게 조건을 변경하면 재현되지 않는다고 해서 원래의 실험이 가지는 의미가 사라지는 것은 아니다. 재현되지 않는 이유가 무엇 때문인지 파악하는 과정에서 더 세밀하고 폭넓은 이해가 이루어질 수 있기 때문이다. 즉 여기서 우리는 도망갈 수 없는 조건이 공포학습에 대단히 중요한 역할을 한다는 사실을 알게 되었다. 또한 쥐를 속박하는 것이 오히려 스트레스를 줄일 수 있다는 사실도 알게 되었다.

자연과학보다 주변 환경의 영향이 중요한 사회과학의 경우 특히나 이런 재현의 실패는, 실험의 실패 혹은 가설의 틀림이 아니라 더 세부적인 조건과 미처 상상하지 못했던 환경적 영향이 무엇인지를 살펴보는 계기가 될 수 있다.

또한 사회과학이 인간 사이의 관계를 연구하기 때문에 가치관의 문제에서 자유로울 수 없다는 점이 지적되기도 한다. 그러나 자연과학 또한 정도의 차이는 있지만 선입견과 편견에서 자유로울 수 없다는 것을 생각하면 이 또한 정당한 주장이 아닐

● **외상 후 스트레스 장애**
신체적인 손상 또는 생명에 대한 불안 등 정신적 충격을 동반하는 사고를 겪은 후 심적 외상을 받아 나타나는 질환을 말한다. 일상적인 경험을 벗어나는 천재지변·전쟁·폭행·고문 등을 겪은 뒤 주로 발생하며 과민반응과 충격의 재경험, 감정회피 등이 나타난다.

것이다. 어쨌든 사회과학은 20세기 동안 과학적 방법론을 습득해 엄정한 과학성을 증진하며 하나의 과학 분야로 성장했다.

이런 발전의 또다른 예가 심리학이다. 근대 심리학은 지그문트 프로이트의 정신분석으로부터 큰 영향을 받았다. 그러나 21세기의 심리학에는 프로이트가 '거의' 없다. 심리학이 과학적 방법론을 도입하면서 프로이트가 설 자리가 점점 좁아지더니, 정신분석은 일부 임상가들에 의해 명맥 정도가 유지될 뿐이다. 이제 심리학은 한편으로 뇌과학과 연결되고 또 다르게는 인지과학으로 이어지고 있다. 이는 여타 사회과학 분야도 마찬가지로 인류학·사회학·경제학·지리학 등 다양한 영역에서도 이와 같은 발전이 이루어지고 있다.

과학과 사회가 만날 때

많은 과학자들이 이야기한다. "아니 이건 위험한 물질이 아니라니까요. 합성소금은 천연소금과 그 구성성분에서 어떠한 차이도 없습니다. 둘 다 염화나트륨, NaCl이에요. 나트륨과 염소가 결정을 이루고 있는 것은 둘 다 마찬가지입니다." 또 이야기한다. "화학조미료랑 천연조미료는 차이가 없어요. 둘 다 MSG라는 물질이지요."

하지만 사람들은 그 말에 잘 수긍하지 않는다. 뭔가 다른 게 있을 거라고. 공장에서 합성으로 만든 것과 자연에서 얻은 것은 당연히 차이가 있다고 생각한다. 그리고 인공적으로 만들어진 것은 자연적으로 채취한 것과는 달리 우리 몸에 좋지 않을 거라고 생각한다. 또 사람의 손길이 덜 간 것이, 인위적인 조작이 덜 한 것이 사람에게도 좋고, 자연에도 좋을 거라고 이야기한다. 과학자들은 이를 '과학'을 잘 몰라서 그렇다고, 과학 지식이 부족해서 그렇다고 한탄하곤 한다. 그러나 역사를 돌이켜보면 이런 주장에도 나름의 이유가 있다.

처음 DDT가 나왔을 때 사람들은 환호했다. 대충 뿌려주면 애써 키운 농작물에 해를 끼치는 나쁜 녀석들이 픽픽 죽어 나갔으니까. 사람에게는 어떤 해도 없다고도 했다. 그래서 옛날 국민학교에서는 머리카락 사이의 머릿니를 잡기 위해 아이들 머리에 DDT를 허옇게 뿌려주기도 했다. 그러다 1960년대 레이첼 카슨의 『침묵의 봄』이 나왔다. DDT가 어떻게 생태계를 파괴하는지, 왜 DDT가 광범위하게 뿌려진 곳에 봄이 되어도 새소리 하나 들리지 않게 되었는지를 알았고, DDT는 사용금지 품목이 되었다. 그러나 DDT는 반감기(물질의 양이 반으로 줄어드는 데 걸리는 시간)가 50년이다. 빛에 의해서도 분해가 잘 되질 않는다. 그래서 사용을 중지해도 자연환경에 오래도록 남아 있다. 우리나라에선 1973년부터 DDT 사용이 중지되었지만, 2017년 8월에도 계란과 닭고기에서 DDT가 허용치 이상 검출되기도 했다.

방사성 물질이 처음 발견되었을 때도 마찬가지였다. 방사성 물질인 라돈을 가지고 화장품도 만들고, 야광 시계도 만들고, 치약도 만들었다. 야광 시계바늘에 라돈을 바르던 여성 노동자들이 라돈에 중독되어 처참한 모습으로 죽어가서야 방사능의 위험을 알게 되었다.

비닐과 플라스틱이 처음 등장했을 때도 그랬다. 자연에서 힘들게 구해야 했던 재료보다 가볍고 튼튼하며 썩지도 않는, 그러면서도 저렴한 비닐과 플라스틱은 20세기 과학기술의 대표적 히트상품이었다. 우리 생활 구석구석 비닐과 플라스틱이 쓰이지 않는 곳이 없다. 하지만 지금 우리는 어떻게 하면 비닐과 플라스틱의 사용량을 줄일 수 있을까, 다른 대체재는 없을까 고민하고 있다.

이처럼 과학기술이 만들어낸 새로운 물질들이 처음에는 환호를 받다가 오히려 인류와 지구 생태계에 큰 화를 미치게 되는 경우들을 목격하면서, 사람들은 '인위적 조작'을 통해 만들어낸 새로운 물질들에 대한 거부감을 가지게 되었다. 특히나 20세기 후반 이후 환경과 생태계 보존의 중요성에 많은 이들이 공감하게 되면서 이런 현상은 사회 전반에 퍼지게 된다.

여기엔 기업과 정부의 잘못과 더불어 과학의 책임도 있다. 기업들은 새로 개발된 제품에 대해 명확한 검증을 하기 전에 판매에 급급했고, 정부는 이런 행태에 대해 손놓고 있다가 문제가 터지고 나서야 소 잃고 외양간 고치기에 나서는 경우가 많았다.

근래에도 가습기 살균제로 인해 큰 인명피해가 발생한 것을 떠올려보라. 의약품도, 제초제도, 식품첨가물도, 농약·비료도 그동안 다양한 문제를 일으켰고, 이런 기업과 야합한 과학자들이 거기에 일조했다는 엄연한 사실을 외면할 순 없다.

그뿐만이 아니다. 석탄과 석유를 중심으로 한 화석연료 경제는 우리 삶 전반에 엄청난 영향을 미치는데 그중 부정적인 부분에 대해 과학자들이 과연 얼마나 열심히 지적하고 개선하려고 했는지도 생각해봐야 한다. 오히려 문제점을 지적하고 제도 개선을 요구한 것은 환경단체들이었다. 원자력발전 문제도 마찬가지. 과학계에서 원자력발전의 문제에 대해 환경단체만큼의 지적을 했는지도 의문이다. 그런 상황에서 몇 번씩 원자력발전소 사고가 터져 대재앙이 일어나기까지 했다.

과학계가 거짓말쟁이가 된 셈이다. 그러니 사람들이 기업이나 정부 혹은 과학자의 말보다는 환경단체의 주장에 더 신뢰를 가지게 된 것은 어찌 보면 당연한 일이다. 이에 대해 왜 과학자들의 과학적 주장을 받아들이지 않느냐고 하소연해봤자 소용없는 일이다. 현대 과학 자체가 조직적인 지원과 많은 비용을 필요로 하기에 정부와 기업에게 종속되어 있는 것은 사실이고, 이제까지 과학계가 시민의 입장에서 시민을 대변하기보다는 정부 주도의 과학정책을 따르고 대기업과 긴밀한 관계를 맺으며 안주했던 걸 부정할 순 없다.

물론 일부 과학자들의 잘못을 과학계 전체로 돌려선 안 된다

원자력발전은 안전한가, 위험한가? 후쿠시마 원자력 발전소 사고는 원자력의 위험성에 대한 경각심을 다시 불러일으켰다. 과학자들은 원자력발전이 안전하다고 강변하지만, 시민들은 과학자들의 말을 신뢰하지 못하고 있다. 과학이 시민사회에 기여하고 신뢰받기 위해서는 과학계 전반의 노력이 필요하다.

● 미세플라스틱
5mm 미만 크기의 작은 플라스틱 조각을 가리킨다. 하수처리시설에 걸러지지 않고 강과 바다로 흘러들어가 해양생물 등이 섭취하면서 문제를 일으키고 있다. 그것이 결국 먹이사슬을 거쳐 인간에게 돌아오기도 하는데, 인체에 미치는 영향은 아직 밝혀지지 않았다.

고 이야기할 수도 있지만, 과학을 업으로 삼는 사람들이 할 말은 아닐 것이다. 이런 반성을 전제로 해서 다시 말을 풀어보도록 하자. 과학은 완전무결하지 않다. 그러면 과학이 아니다. 과학은 현재에 국한된 최선의 설명이다. 거기에는 풀리지 않은 지점도 있고, 아직 우리가 예측하지 못한 문제점도 있다. 미세플라스틱*이 이리 심각한 문제가 될지 50년 전에는 아무도 예상하지 못했던 것처럼 말이다. 따라서 현재의 신기술이 폐해를 가져올 수도 있다는 건 언제나 유효한 의심이다.

사소한 행동 혹은 말을 가지고 화가 난 친구가 있다. 어떤 태도를 보여야 할까? 한편으로는 그렇게 화낼 정도가 아니라고 논리적으로 설득할 수도 있다. 하지만 친구라면 그가 화가 난 저변의 이유를 파악하려고 해야 하지 않을까? 그가 화를 낸 것은 단지 마지막의 사소한 행동이 아니라 그동안 쌓여온 불만 때문일 수 있다. 또는 며칠 사이 심한 스트레스를 받아 감정이 대단히 불안한 가운데 사소한 행동이 불씨를 당긴 것일 수도 있다. 정말 친구라면 왜 사소한 걸로 화를 내냐고 맞받아칠 게 아니라, 화가 난 근본적 이유를 먼저 생각해야 할 것이다.

그런 관점으로 시민들의 과학적 무지를 비난하는 소재로 곧잘 사용되는 2008년 광우병 문제를 보자. 시민들이 종로로, 광화문으로 몰려 나와 미국산 소고기 수입 반대 촛불시위를 하게 된 것은 단지 '광우병'만의 문제는 아닐 것이다. 따라서 시민들에게 '광우병에 걸릴 확률은 아주 낮고 소를 수입하더라도 이러이러한 조치를 취하기만 하면 크게 문제 될 것이 없다'라고 설명하면 끝이라고 여길 순 없다. 더구나 거기에 '아니 광우병에 대해 논리적으로 설명을 했는데 왜 말을 못 알아먹어'라고 화를 내는 게 무슨 소용인가. 물론 광우병 자체에 대한 엄밀한 판단을 과학적으로 내리는 게 필요없다는 말이 아니다. 단지 그 자체가 시민에 대한 온전한 설득 기제는 되지 못한다는 것이다.

시민들이 분노한 이유는 몇 가지를 더 들 수 있다. 하나는, 당시 정부에 대한 비판의식이다. 그때는 정권이 바뀐 지 얼마 지나지 않은 때였다. 또한 많은 사람들에게 새로 들어선 정부가 비민주적이고 권위주의적이라는 비판의식이 상당했다. 그때 광우병 사태가 터진 것이다. 또 하나는, 시민들의 높아진 환경의식이다. 1980년대 중반 이후 활발해진 환경운동은 그때까지 신경 쓰지 않았던 문제들에 대해 새롭게 눈을 뜨게 했다. 그중에서도 우리 입에 들어가는 음식에 대한 문제의식은 상당한 수준으로 높아졌다. 당시 미국과의 협상에서 보여준 정부의 저자세도 문제가 됐을 터이다. 사람들은 당시 정부가 국민들의 건강에 위협이 되는 소고기 문제를 적당히 미국의 의도대로 타협했다고 생각했다. 마지막으로, 광우병 자체에 대한 공포가 있었다. 느닷없이 쓰러지는 소, 같은 종인 소를 갈아서 소에게 먹인 결과로 발생하는 병. 뇌가 녹아버린다는데 어떠한 치료법도 없다. 이런 장면과 소식들은 엄청난 두려움을 주기에 충분했다. 0.1%, 아니 0.0001%의 확률이라도 만약 나나 내 가족이 그런 고기를 먹을 가능성이 있다면 결단코 반대할 수밖에 없는 일이었다.

. 이 모든 이유들이 모여서 광화문에서 몇만 명이 날마다 모여 촛불을 들고 시위를 하게 했다. 그러니 그중 하나에 대한 설명만으로는 설득할 수 없는 문제다. 더구나 이미 정부가 광우병 문제에서 신뢰를 잃어버린 다음이니 아무리 권위 있는 전문가가 말해도 먹혀들어갈 리가 만무했다. 사실 일부는 자업자득의 측면도 크다. 숱한 오염과 환경재앙 등은 20세기 자본주의와 결합한 화학산업이 낳은 결과 아닌가. 오죽하면 화학제품을 무서워하고 증오한다는 케미포비아Chemiphobia라는 말까지 등장했겠는가.

과학과 사회가 만나는 모든 장면은 과학적 설명과 함께 사회적 정치적 배경까지 이해해야 제대로 된 답을 내릴 수 있다. 이런 점들을 감안하면서 한편으로는 과학을 하는 사람들이 시민사회의 요구에 제대로 응해왔는가를 되짚어보고, 또 다른 한편으로는 정확한 사실을 알리기 위한 노력 역시 경주해야 할 것이다.

닫는글

과학이란 무엇일까라는 화두를 잡고 글을 썼다. 과학에 대한 사전적 정의는 매우 짧으나 그 정의를 채우는 내용은 크고 깊으며, 사람에 따라 다양한 스펙트럼을 가지고 있다. 그 모두를 쓰기에는 지면도 내 역량도 부족하다. 다만 과학이 무엇인지에 대한 진지한 고민을 가진 독자에게 그 질문의 깊이와 넓이를 최대한 더해줄 수 있으면 좋겠다는 생각으로 과학 자체와 과학의 방법론, 과학의 역사, 과학과 여타 사람 사는 일과의 관계에 대해 귀납적으로, 그러나 연역이 가능하게끔 서술하려고 나름 노력했다.

마지막으로 하나 덧붙이자면 회의하자는 것이다. 베이컨이 네 가지 우상을 말한 이유와 마찬가지로 권위에, 기존 지식에, 고정관념에 사로잡혀 어떤 과학적 지식을 맹신하지 말자는 것이다. 과학은 확장이기도 하지만 전복이기도 하다. 전복은 기존 권위에 대한 도전으로 시작한다. 과학의 권위는 수많은 관측과 실험을 통해 확보되지만 언젠가 무너질 운명을 가진다. 과학의 역사가 말해준다. 새로운 관측과 실험으로 기존 권위를 부정하고, 새로운 이론을 세우는 것이 과학이 지닌 시지푸스의 운명이다.

과학하는 이들은 기존과 다른 실험과 관측을 하면서 기성 이론의 빈틈을 노린다. 빈틈을 벌려 반증에 성공하고, 새로운 자료를 모아 새로운 이론으로 패러다임을 바꾸는 것이 모든 과학자의 꿈이다. 우리가 기억하는 성공적인 과학자들은 스스로 갈망했든 아니든 일종의 전복자다. 과학이 귀납적이며 우리의 지식은 언제나 완전하지 않기에 가능한 일이다.

그래서 과학의 다른 방법론을 모두 버리고 하나를 택하라면 나는 주저 없이 과학적 회의scientific scepticism 혹은 합리적 회의주의를 들겠다. 데카르트가 모든 것을 회의하면서 확신할 수 있는 하나, 회의하는 자기 자신이 존재한다는 사실을 밝혀냈듯이 어떤 권위에도 굴복하지 않고 회의하는 것은 과학이 가지는 가장 큰 미덕이다. 어떠한 명제도 그냥 믿지 말 것, 모든 명제에 회의적 시선을 거두지 말 것, 언제나 반증 가능하다는 사실을 잊지 말 것을 요구하는 과학적 회의주의는 과학자가 아니더라도 삶의 자세로서 대단히 유용하고 가치 있는 일일 것이다.

끝까지 읽어주신 모두에게 감사한다.

참고도서

『과학한다, 고로 철학한다』, 팀 르윈스, 김경숙 옮김, MID

『파인만의 과학이란 무엇인가?』, 리처드 파인만, 정무광·정재승 옮김, 숭산

『과학이란 무엇인가?』, 앨런 차머스, 신중섭·이상원 옮김, 서광사

『과학이란 무엇인가』, 신광복·천현득, 생각의힘

『그렇다면, 과학이란 무엇인가』, 그레고리 N. 데리, 김윤택 옮김, 에코리브르

『과학이란 무엇인가』, 발터 타이머, 김삼룡 옮김, 홍익재

『과학의 탄생』, 야마모토 요시타카, 이영기 옮김, 동아시아

『과학사신론』, 김영식·임경순, 다산출판사

『과학기술의 역사』, 곽영직, 북스힐

『서양사 강의』, 배영수 엮음, 한울아카데미

『물리학의 역사와 철학』, 제임스 쿠싱, 송진웅 옮김, 북스힐

『인간 등정의 발자취』, 제이콥 브로노우스키, 김은국·김현숙 옮김, 바다출판사

『기술 열두 이야기』, 김성동, 철학과현실사

『과학사회학입문』, 오진곤, 전파과학사

『서양과학사상사』, 존 헨리, 노태복 옮김, 책과함께

『냉장고의 탄생』, 톰 잭슨, 김희봉 옮김, MID

『나와 너의 사회과학』, 우석훈, 김영사

『사회과학 연구방법론』, 이군희, 법문사

『나의 첫 번째 과학 공부』, 박재용, 행성B

『과학이라는 헛소리』, 박재용, MID

『과학이라는 헛소리2』, 박재용, MID

찾아보기